착한 식품

건강한 삶을 위한 먹거리 이해

최원상 지음

홍릉과학출판사

머리말

요즘은 정보가 너무 많아서 탈이다. 각종 암이나 심혈관계 질환들이 식습관에 기인한 경우가 많다보니 각종 TV, 신문, 잡지 등에 식품에 관한 정보가 흘러넘친다. 각종 광고들도 제품을 팔기 위해 너무나 많은 정보를 제공한다. 그러다보니 잘못된 정보 역시 너무 많다. 우리는 TV 등에서 어떤 질병에 좋은 식품, 어떤 질병을 막아주는 식품 등으로 과잉 포장된 식품소개 프로를 종종 접한다. 어떤 경우는 그 내용이 황당하기까지 하다. 출연자들 중에는 식품영양학을 전공하신 분, 의사, 한의사 등도 있다. 그러나 이분들이 제공하는 정보들조차도 매우 왜곡된 정보가 많은 것 같다. 때로는 안타까운 생각도 들었다.

어떤 식품에 들어있는 한 성분이 아무리 좋은 성분이라 하더라도 편중되게 식품을 먹는 것은 좋은 식습관이 못된다. 다양한 음식을 골고루 잘 익혀서 약간 모자란 듯이 먹는 것이 가장 좋은 식습관이다. 너무 상식적인 말이지만 실생활에서는 잘 지켜지지 않는 것 같다. 이 책은 여러분에게 이 평범한 진리를 알리고자 약간의 과학적 지식을 동원해서 설명한 책이다. 식품이 우리 몸에서 어떻게 활용될지, 어떤 식품을 선택해야 할지, 식품을 어떻게 안전하게 보관할 수 있는지 등을 일반인들이 이해할 수 있게 하는 것이 이 책을 쓴 목적이다.

이 책은 화학, 물리학, 생물학 등에 익숙하지 않은 일반 독자들을 위한 것이다. 인문학을 전공한 사람도 읽을 수 있는 수준이 책이 지향하는 방향이다. 책 제목이 “착한 식품”인 이유이다. 그러나 이는 음식을 먹고 나서 우리 몸에서 대사되는 과정의 원리를 이해시켜야 하므로 쉽지 않은 일이었다. 아마도 여태까지 식품을 전공하지 않은 일반인을 대상으로 이 같은 시도가 없었던 것도 이 때문일 것이다. 어쩔 수 없이 언급하지 않을 수 없는 가장 기본이 되는 수준의 과학적 지식은 가능한 쉽게 설명해 보고자 노력하였다. 따라서 용어 또한 학자들이 사용하는 과학용어나 영어, 한자말 용어보다 일반인이 일상생활에서 사용하는 용어를 사용하고자 노력하였다. 이 책을 읽으면서 다른 책을 뒤지거나 검색해야 하는 번거로운 상황이 벌어지는 것은 필자 또한 원하지 않는 일이다. 그리고 논란이 되고 있는 부분은 논란이 되고 있는 대로 설명하고자 했다.

사실 이 책의 대부분의 내용은 최근 몇 년간 대학에서 교양과목 시간에 강의한 내용이고 대다수의 수강생이 인문학 전공자였지만 강의의 이해에 큰 어려움은 없었다. 따라서 일반인들이 책을 읽는 데 큰 어려움은 없을 것이라고 예상한다.

바쁜 중에도 시간을 내어 원고를 읽고 고견을 주신 김준기 박사님(한의학), 구본철 교수님, 김신재 교수님께도 감사를 드린다.

이 책이 출판될 수 있도록 도움을 준 홍릉과학출판사 관계자 특히, 김기용 이사님과 편집부에게 감사를 드린다.

이 책이 음식에 관심이 있는 많은 사람들이 쉽게 읽고 실생활에서도 적용하여 보다 건강한 생활을 영위하는 데 도움이 되기를 기대하며 누구보다도 이 책을 쓰는 데 많은 용기와 격려를 준 아내 박소영과 아들 최장원에게 고마움을 표하고 싶다.

2014년 봄

차례

CHAPTER 03 단백질 관련

CHAPTER 04 지방 관련

CHAPTER 01

들어가면서

우리는 왜 먹는가

⋮

식품에 관한 정보의 허와 실

우리는 왜 먹는가

1985년 9월 나는 미국 한 대학의 카페테리아에서 참 우스꽝스러운 광경을 목격하였다. 140-50kg 정도는 될 법한 뚱뚱한 한 남자가 혼자서 큰 피자 한판을 시켜놓고 먹고 있었는데 손에는 다이어트 콜라 캔을 들고 있었다. 나는 이 뭔가 엇박자의 광경을 보며 한편으로는 우습고 다른 한편으로는 먹고 싶은 욕구와 먹을 능력이 되는 데도 건강을 위해 어쩔 수 없이 칼로리를 줄여야만 하는 한 인간의 고뇌를 느낄 수 있었다.

우리는 왜 먹을까? 참 바보 같은 질문인지도 모르겠다. 물론 우리는 배가 고프니까 먹는다. 정답이다. 배가 고픈 것은 큰 고통이다. 이 고통이 매우 큰 것은 진화적으로 생명과 직결된 문제이기 때문일 것이다. 생명체의 시작과 함께 먹는 문제는 시작되었고 생명체는 먹지 않으면 죽게 되어 있다. 일단 음식을 먹으면 맛을 느끼고 포만감, 행복감을 느끼게 되며 먹지 않으면 생명을 잃게 되므로 먹고자 하는 욕구는 인간이 가진 어떤 욕구보다도 강렬한 것으로 진화되어 온 것이라 추측할 수 있다.

그러나 좀 더 과학적으로 먹는 이유를 살펴보자.

배가 고프다는 것은 혈당치(혈중의 포도당 농도를 말함)가 일정수준 밑으로 내려갔다는 것을 의미한다. 우리의 몸이 보내는 중대한 위험신호이다. 당연히 우리 몸에는 이를 감지하는 수단이 있으며, 예상대로 우리 몸은 배꼽시계라는 배고픔을 느낄 수 있게 하는 신호를 가지고 있다. 이 신호는 매우 강력하다.

즉, 배가 고프면 우리 몸은 이에 반응하여 고통을 느끼고 이 상황을 해결하고자 한다. 그러나 문제해결을 위해서는 시간을 벌어야 한다. 즉각 해결되면 다행이지만 시간이 걸릴 수도 있다. 이를 위해 우리 몸에 저장해 둔 영양분, 즉 우리 몸의 근육이나 간에 저장된 글리코겐glycogen(동물체 내에 존재하는 저장 다당류의 하나)을 분해하여 혈액 중의 포도당 수치를 일정수준으로 유지해 준다. 일종의 진통제이다.

그러나 이는 완전한 해결책이 되지 못하며 우리는 음식을 먹음으로써 이 상황을 해결해야 한다. 즉 음식을 통해 우리 몸의 혈당치를 높임으로써 배고픈 고통에서 벗어나게 된다. 혈당치를 높여주면서 식품은 우리에게 필요한 영양소를 공급해준다. 그러나 식사를 한 직후 혈액 중에 혈당이 일정수준 이상이 되면 이는 낭비일 뿐 아니라 필요 이상으로 몸의 기능이 활발하게 되므로 이 또한 우리가 피해야 할 상황이다. 이는 인슐린이라는 호르몬이 분비됨으로써 잉여의 혈당을 글리코겐, 지방 등의 합성을 위해 소비하게 하여 혈당을 빠른 시간 내에 정상치로 돌려줌으로써 해결된다. 배고플 때 사탕을 먹으면 혈당치는 금방 회복된다. 그러나 필요한 영양소가 고루 공급된 것은 아니므로 길게 보면 문제가 된다.

이 배고픔 신호는 우리 몸이 음식을 필요로 하기 때문에 배고프다는 신호를 고통스럽게 전달해 우리로 하여금 음식을 먹도록 진화되었다고 볼 수 있다. 고통스러운 신호는 생존에 도움을 준다. 우리는 활동하는 데 필요한 에너지를 공급하기 위해서도 먹어야 한다. 손가락 하나 까딱하거나 어제의 좋았던 기억을 떠올리거나 하다못해 글자 한 자를 읽거나 적고 말 한마디를 하더라도 모두 에너지를 필요로 하기 때문이다.

다음으로는 우리 몸을 유지하고 성장하기 위해서도 먹어야 한다. 가끔 우스개로 물만 먹어도 살이 찐다는 사람이 있다. 그러나 에너지 법칙에 의하면 먹지 않고, 즉 에너지를 흡수하지 않고 살이 찔 수는 없다. 물론 기초대사량(아무런 힘든 일을 하지 않고 가만히 있는데도 요구되는 에너지를 말함) 등을 포함한 에너지 효율은 사람에 따라 다를 수 있어 다른 사람에 비해 적게 먹는 데도 더 살이 찐다는 사람이 있을 수는 있다. 그럼에도 불구하고 살이 찐다는 것은 결국 우리가 소비하는 에너지보다 더 많이 먹었다는 것이다.

우리는 에너지를 필요로 하기 때문만 아니라 우리 몸의 기능을 조절하기 위해서도 식품을 먹어야 한다. 무기질, 비타민 같은 물질들이 이러한 기능을 담당한다.

1980년대 이전에는 주로 영양소의 개념만으로 식품을 선택하였다. 즉 "사람은 배고픔을 해소하고, 필요한 에너지를 공급하고, 몸을 구성하는 물질을 만들고, 각종 조절소인 비타민, 무기질 등의 결핍을 피하기 위해 식품을 먹는다"는 개념이 거의 전부였다. 따라서 모든 영양학적인 설명들도 모두 여기에 맞추어 설명하고자 했고 가정에서 주부들의 식단도 모두 이 개념, 즉 식품의 영양가에 바탕을 둔 것이었다. 영양가 있는 식품이 단연 최고의 식품이었고 영양가 있는 음식을 제공해 주는 주부는 훌륭한 아내였고 그 밖의 많은 건강상의 문제들도 영양가 부족에서 찾고자 했다.

그러나 1980년대에 들어서면서 이 같은 개념에 「식품의 기능성」을 강조하는 개념이 보태졌다. **기능성식품**이라는 용어도 새로이 생겨났다. 그러나 따지고 보면 이 같은 개념은 예로부터 있어 왔다. 다만 학술적으로 체계화하지 못했을 뿐이다.

식약동원食藥同源이라는 말도 먹는 음식의 식食과 병을 고치는 약藥은 그 뿌리가 같다는 의미이니까 오늘날의 기능성식품 개념과 근본적으로 다를 바 없다. 몸이 아플 때 기력회복을 위해 또는 특정부위가 좋지 못할 때 동물의 같은 부위를 먹으면 건강해 질 것이라고 믿는 것(예로 간이 좋지 않은 사람이 동물의 간을 먹는 것) 등이 그런 것이나 이제는 건강을 유지 내지는 더 좋아지기 위해서 또는 상태가 좋지 못한 장기에 도움을 주기 위해서(예로 마를 먹으면 위장에 도움이 된다는 등), 암에 걸리지 않기 위해서(항암식품으로 생각하고 어떤 특정식품을 먹는 것) 특정식품 또는 특정식품에서 추출한 성분을 섭취하는 것으로 범위가 더 확장되었다.

이제 우리는 단순한 생명 유지가 아니라 보다 건강하게 살기 위해, 보다 날씬해지기 위해 각종 식품을 먹는다.

식품에 관한 정보의 허와 실

식품은 약품과 몇 가지 점에서 다르다. 식품은 일상생활에서 치료약과는 달리 많은 양을 매일 먹어야 우리가 살 수 있다. 아파서 미량을 복용하여 생체 기능을 정상으로 돌려놓는 치료약과는 우선 섭취량에서 다르다.

식사 습관에 따라 인간수명도 차이가 있다는 연구결과도 있고 장수식품도 많이 알려져 있다. 그래서 우리는 밥만 먹는 것이 아니라 각종 기능성식품(영양적 기능 이외에도 건강에 도움을 주는 기능을 함께 가진 식품)을 먹는다.

그러나 최근 특히 TV 프로, 신문기사 등을 통해 **어떤 식품에는 어떤 성분이 많이 들어 있으니 몸에 좋다거나 어떤 식품은 항암효과가 있다거나** 하는 등의 검증되지 못한 많은 정보들이 여과 없이 우리들에게 전달되어 오히려 식습관이 나쁜 쪽으로 바뀔 경우도 있다. 심지어는 일부 전문가로 자처하는 사람조차 틀린 정보를 제공하기도 하고 함께 출연한 전문가들도 그 사실을 바로 잡지 않고 그냥 넘어가거나(알면서도 그 틀린 정보를 제공한 출연자가 난처할까봐 그런 경우가 많겠지만) 심지어 그런 엉터리 정보에 편승하는 경우도 있다. 이런 정보들이 여과 없이 전해지면서 많은 사람들에게 많은 황당한 믿음도 양산하는 것 같다. 오래 건강하게 살려고 먹는 음식이 잘못된 정보로 인해 오히려 독이 되고 단명하게 할 수도 있다.

우리는 그 같은 음식 정보의 홍수 속에 살아가고 있다. 과거에는 외국과의 교역량이 많지 않아 국내산 내지는 같은 지역에서 농사지은 식품으로만 먹고 살 수도 있었겠지만 이제는 그것이 불가능해졌다. 식량의 자급도는 낮고, 식품의 종류도 다양해지고 싫던 좋던 많은 수입가공식품, 수입곡물 등을 먹지 않을 수 없는 시대가 되었다.

유전자변형식품, 식품첨가물, 트랜스지방(4장의 트랜스지방 참조), 식품조사(여러 가지 목적으로 방사선을 쬔 식품을 말함), 광우병 등 우리들이 잘 모르는 용어와 내용이 많이 등장하고 가공식품의 경우 포장지에 식품에 대한 설명을 표기하는 것도 과거와는 비교할 수 없을 정도로 복잡해져서 대학을 졸업한 사람이라 하더라도 어느 정도의 식품의 저장, 가공, 유통에 관한 지식이 없이는 우리가 먹는 식품의 안전에 대해 정확히 알 수 없게 되어버렸다.

특정식품은 유사한 다른 제품에 비해 턱없이 비싼 가격으로 판매되고 있지만 정확한 이유도 모른 채 그저 비싸면 기능이 우수할 것이라고 생각하고 또는 몸에 좋을 것이라는 믿음 하나로 비싼 식품만 고집하기도 하고 사기성 광고에 속아 비용을 허비하기도 한다. 이 같은 사기를 당하지 않으려면 식품에 대한 대사작용, 화학지식, 미생물지식, 효소 등에 관한 광범위한 지식이 요구된다. 많은 경우 과학적이지 못한 믿음(예로 발효식품은 무조건 몸에 좋고 식품첨가물이 들어가면 몸에 해롭다는 등)도 많이 자리 잡고 있는 것 같다.

이제 우리도 우리가 원하는 식품을 제값을 주고 골라 먹기 위해서는 어느 정도의 지식으로 무장하여 그 같은 정보들의 진실을 판단해야 할 필요가 있다. 이 같은 지식이야말로 지금 이 시대를 살아가는 우리들에게는 꼭 필요한 지식이 될 것이다.

5대 영양소 관련하여

영양소라는 단어를 모르는 사람은 아마 없을 것이다. 아는 일상생활에 필요한 상식이기 때문이다. 그러나 체계적 설명을 위해 영양소에 대해 한 번 알아보자.

영양소란 우리 몸의 성장과 유지, 그리고 정상적인 기능을 위해 꼭 필요한 성분을 말한다. 탄수화물, 지방, 단백질, 비타민, 무기질mineral이 5대 영양소이다.

각 영양소와 이의 대사과정(몸에서 어떻게 이용되는지 등의 일련의 반응)을 살펴보고 이들 영양소와 관련된 이슈들에 대해 살펴보자.

CHAPTER 02

탄수화물 관련

전분과 포도당

⋮

혈당치를 급격히 상승시키는 음식은 나쁜 음식

⋮

생쌀을 먹을 경우

⋮

우리가 섭취한 포도당은 어떻게 이용이 되나

⋮

주요 기관에서의 대사

⋮

과당이 포도당보다 더 나쁜가

⋮

올리고당

⋮

만병의 주범 설탕

⋮

우유만 마시면 배가 아픈 사람

⋮

밀가루 음식은 몸에 나쁜가

⋮

만병통치약 식이섬유

⋮

식이섬유가 많은 식품에는 어떤 것이 있을까

⋮

키토산

전분과 포도당

밥, 빵 등을 만드는 주재료라 할 수 있는 각종 곡물들은 탄수화물carbohydrate이 주된 성분이라 할 수 있다. 물론 밥, 빵 등에도 탄수화물만 있는 것이 아니다. 낮은 비율이지만 단백질, 지방, 비타민, 무기질 등도 함께 들어있다.

밥도 물론 쌀밥인지 보리밥인지에 따라 각 영양소의 비율들이 달라지는 것은 당연하다. 각 곡물에 많이 함유된 영양소가 무엇인지에 따라 건강에 미치는 영향은 완전히 달라지겠지만 이들의 주성분은 역시 탄수화물이다.

탄수화물에는 여러 가지 종류가 있다. 탄수화물 중 우리가 일상에서 가장 흔하게 먹는 것은 "전분starch"이다. 전분은 식물체들이 광합성을 이용하여 입자 상태로 에너지를 저장하는 가장 일반화된 형태이다. 과거에는 "녹말"이라고도 불렀다. 쌀의 경우 75-85%, 밀의 경우 70-77% 정도가 전분이다. 재미있는 사실은 서양인에 비해 동양인은 작은 창자의 길이가 상대적으로 길다고 한다. 마치 초식동물처럼.

쌀, 보리, 밀 등 주식으로 사용되는 곡물들과 고구마, 감자 등의 서류, 옥수수, 수수, 호밀 등 다양한 작물들은 광합성을 이용하여 탄수화물을 저장한다. 우선 전분이 무엇인지 부터 살펴보자.

전분은 포도당끼리 연결되어 크기가 매우 큰 고분자의 형태로 된 것이다. 즉 포도당만으로 구성된 탄수화물이다. 그 연결 방법에 따라 300개 이상의 포도당이 일렬로 쭉 연결되어 직선형태(정확히는 6분자마다 한 바퀴씩 도는 나선형태)로 된 아밀로스amylose와 직선으로 연결된 아밀로스에 가지branch(15-18개 정도의 포도당으로 된)까지 가진 아밀로펙틴amylopectin 두 가지가 있다.

보통의 전분에는 아밀로스와 아밀로펙틴이 섞여 있다. 그러나 식물마다 아밀로스와 아밀로펙틴의 함유 비율이 다르고 아밀로펙틴에 있는 가지의 정도도 다르다. 따라서 곡물마다 전분결정 고유의 모양이 달라지게 되고 현미경으로 전분알갱이를 관찰하면 곡물마다 결정모양이 다른 것을 확인할 수 있다.

쌀의 경우 아밀로펙틴의 비율이 높으면 더 점도가 강한(더 찰진) 찹쌀이 되고 아밀로펙틴의 비율이 낮으면 점도가 약한 멥쌀이 된다. 또한 곡물에 따라 아밀로펙틴의 비율이 다르므로 곡물마다 씹을 때의 질감과 맛이 달라지게 된다.

전분에 물을 부어 열을 가해 온도가 60-70℃ 정도 되면 결정이 깨어진 상태가 되는데 이를 "호화糊化"라고 한다. 쌀을 예로 든다면 쌀이 호화되어 밥이 된 것이라고 보면 된다. 밥을 짓기 위해 온도를 높이는 과정에서 쌀에 오염된 벌레가 죽고 확인하기 힘든 독소 등이 중화되기도 한다. 보다 안전한 음식이 되는 것이다.

호화된 전분을 낮은 온도에서 장시간 보관하면 전분 분자끼리 모여

굳어지는데 이 경우에는 소화효소의 작용이 어렵고 식품의 상태가 나빠진 것으로 판단한다.

일반적으로 수분이 적고 단 음식일수록 이같이 되기 쉽다. 이를 막으려면 음식을 얼리거나 무균 또는 진공상태에서 수분을 줄인 후 보관해야 한다. 햇반 제품 등이 상품으로 개발한 예이다.

전분은 아밀라제amylase에 의해 분해되는데 호화상태에서 소화효소가 더 잘 작용할 수 있으므로 익힌 밥이 생쌀보다 소화가 더 잘 된다. 아밀라제는 침 등의 소화액에 존재하고 발효에 사용되는 각종 곰팡이 등의 미생물에도 많이 존재한다. 아밀라제에도 종류가 여러 가지가 있다. 전분을 실 모양이라고 가정하면 실을 뭉텅뭉텅 크게 잘라주는 아밀라제도 있고 잘게 잘라주는 아밀라제도 있다. 이들의 모두의 도움을 받아 우리 몸에서는 전분이 최종적으로는 전분의 기본 단위인 포도당glucose이 된다. 포도당은 우리 몸 작은창자의 모세혈관을 통해 혈액으로 흡수된 후 세포 속으로 들어가서 분해되고 이용된다.

이때 각 곡물이 가진 전분이 다르므로 곡물에 따라서는 더 잘 분해되는 곡물과 분해가 어려운 곡물이 있다. 일반적으로 밀가루 전분이 쌀전분보다 분해가 빨리되어 우리의 혈당을 빠른 속도로 상승시킨다. 소화효소에 더 잘 잘라지기 때문이다.

일반적으로 우리가 소화시키기 힘든 음식으로 생각하는 곡물들 예로 잡곡밥이나 현미밥이 흰쌀밥보다 효소가 잘 작용하지 못하므로 분해가 느려 혈당을 서서히 상승시킨다. 우리가 고기를 먹을 경우 밥보다 많은 양을 먹을 수 있고 고기로 배가 부른대도 밥 또는 국수를 추가로 먹어야 식사를 했다고 느끼는 것은 밥이나 국수가 혈당량을 빨리 높이는 반면 고기는 혈당량을 빨리 올리지 못하기 때문이다. 혈당이 우리 뇌의 포만중추를 자극해야 비로소 포만감을 느낀다.

혈당치를 급격히 상승시키는 음식은 나쁜 음식

이제 왜 잡곡이 흰쌀밥보다 좋은 음식인지 한 번 논리적으로 풀어가 보자. 잡곡은 외양이 쌀밥에 비해 짙은 색인데다 씹을 때 분해 속도도 느리고 조악하여 소화하기 어렵다. 아마도 그래서 잡곡雜穀으로 분류되었을 것이다. 이에 비해 쌀밥은 먹기에 부드럽고 소화도 잘 되어 과거의 관점에서 보면 비싼 것이 당연한 좋은 음식이었다. 특히 도정률(벼·현미에서 겨층을 제거하고 남은 정도를 말함)을 높여 흰쌀밥을 지을 경우 더욱 그러했다.

그러나 건강의 측면에서 보면 흰쌀밥은 혈당치를 빨리 높이는 나쁜 음식이다. 잡곡밥, 현미밥, 보리밥, 쌀밥, 빵은 다 전분이 주성분이지만 잡곡밥, 현미밥, 보리밥에 비해 쌀밥과 빵은 우리 몸의 혈당을 빨리 올라가게 한다. 다시 말해 우리 몸의 소화효소에 의해 더 빨리 분해되어 혈액 중의 혈당, 특히 포도당의 농도를 빨리 높인다.

혈당치가 빨리 올라가면 우리 몸은 혈당치를 정상으로 돌리기 위해 췌장에서 인슐린insulin이라는 호르몬을 분비한다. 이때 분비된 인슐린은 간으로 가서 전분이 소화효소에 의해 분해되어 만들어진 포도당을 글리코겐 합성, 지방 합성 등으로 유도하고 근육에서도 포도당을 글리코겐으로 저장하게 하여 혈당치를 빠른 속도로 낮추어 주는 작용을 한다. 따라서 **혈당치가 급격히 상승하면 혈당치를 떨어뜨리기 위해 인슐린이 그만큼 급하게 더 많이 분비되고 이는 더 많은 체지방의 합성으로 이어질 수 있다.** 많은 인슐린의 분비는 곧 촉촉이 적시는 이슬비 대신 폭풍우 같은 장대비가 쏟아짐을 의미한다.

혈중 지방산도 에너지 생산에 이용될 수 있다. 따라서 비만 또는 고지혈증인 사람의 경우는 평소에 혈중 지방산의 농도가 높아 식사로 높아진 혈중 포도당으로 인해 인슐린이 분비된다 하더라도 혈액 속에 풍부한 지방산이 에너지 생산에 포도당 대신 소모가 가능하므로 혈중 포도당이 탄력적으로 감소되지 못한다. 이로 인해 인슐린에 탄력적으로 반응하지 못하고 장기화 될 경우 인슐린저항성으로 이어진다. 또 인슐린저항성이 장기화 될 경우 당뇨로 발전할 수 있으므로 혈당치를 빨리 높이는 당, 흰쌀밥, 빵 등은 만병의 근원이라 할 수 있다.

혈당치가 서서히 올라가면 인슐린이 적게 분비된다. 인슐린을 적게 분비하면 체지방의 저장율도 떨어뜨린다. 따라서 **혈당을 서서히 높이는 잡곡밥, 현미밥, 보리밥 등이 건강에 좋은 음식이고 쌀밥, 밀가루가 많은 빵, 설탕 등은 나쁜 음식이 된다.**

식품의 당화지수glycemic index(각 식품 섭취 후 혈당상승 반응을 수치로 나타낸 것)는 절대적인 것은 못된다고 하나 대체로 믿을 만 하다고 판단된다. 포도당을 100으로 본 값이다.

당수지수가 55 미만이면 좋은 식품에 속하는 데 녹차, 다시마, 우뭇가사리, 콩나물, 배추, 오이, 계란, 토마토, 귤, 딸기, 사과, 청국장, 두부, 닭가슴살, 대구 등이 여기에 속한다.

당수지수가 55-69에 속하는 식품은 대체로 무난한 보리밥, 후레이크 등이 여기에 속한다.

당수지수가 70 이상인 것은 옥수수, 라면, 쿠키, 으깬 팥소, 우동, 생크림 케이크, 쌀밥, 감자튀김, 떡, 도넛, 초콜릿, 팥빵, 캔디 등이 여기에 속하는 데 나쁜 식품이 되겠다.

생쌀을 먹을 경우

가끔 건강을 위해 생쌀을 먹는 사람이 있다. 생쌀은 호화되지 않은 전분이 쌀의 세포벽 속에 결정상태로 존재한다고 볼 수 있다. 결정상태의 전분은 물도 들어가기 힘들 정도로 공간이 거의 없다. 따라서 전분을 잘라주는 효소가 작용하기 매우 어려운 상황이다. 생쌀에 전분 분해효소를 처리한 후 전자현미경을 이용하여 백만 배 이상 확대해서 관찰한 사진을 보면 전분이 바위덩어리처럼 보이고 이 바위덩어리에

굴을 파 들어가듯이 전분분해효소가 전분을 분해하기는 한다. 그러나 호화시킨 전분에 비하면 분해속도가 매우 느리다. 따라서 생쌀을 먹으면 소화가 잘 안 될 것은 자명한 일이다. 따라서 흡수율도 매우 낮을 수밖에 없다.

생쌀은 많은 양을 먹기도 힘들겠지만 먹어도 소화가 잘 안 되므로 흡수율이 낮아 체중이 빠지는 것은 당연하다. 다이어트를 원하는 오늘날에 매우 맞는 시도인 듯이 보일 수도 있으나 생쌀 속에 있을 수 있는 각종 벌레와 벌레의 알, 눈에 보이지는 않지만 각종 미생물 포자 및 독소는 사람의 장으로 독성을 유지한 채로 들어가 악영향을 줄 수도 있다. 현대는 불을 사용하지 못하던 원시시대가 아니지 않은가. 별로 권하고 싶지 않은 섭생법이다.

우리가 섭취한 포도당은 어떻게 이용되나

이 책에서 이 부분은 일반인들이 이해하는 데 어려움이 있을 것 같아 가능한 쉽게 설명해 보고자 한다. 이 책에서 아마 가장 이해하기 어려운 부분이나 앞으로 식품의 대사에 대해 이해하려면 꼭 알아야 할 부분이라고 판단되어 설명한다.

포도당은 세포 내에서 해당과정glycolysis과 호흡respiration이라는 과정을 거치면서 포도당이 가진 에너지를 ATPadenosine triphosphate라는 물질로 바꾸어 주기도 하고 몸에 필요한 물질을 만드는 원료가 되기도 한다.

우선 ATP부터 비유를 들어 간단히 설명해본다. ATP는 우리 몸에서 각종 반응을 위해 우리가 지급해야 할 에너지를 가진 물질이라고 생각하면 된다. 실생활에 비유를 하자면 화폐라고 생각하면 된다. 요즘은 신용카드로 비용지불이 가능하지만 우리 몸에서는 카드로는 비용지불이 가능하지 않고 오로지 현금으로만 결제가 가능하고 잔돈은 돌려받지 못한다고 가정해보자. 물건을 사려면 돈이 있어야 하듯이 일을 하든 생각을 하든 무엇이든 하려면 ATP가 있어야 한다.

그러면 일상생활에서 가장 사용이 쉬운 돈은 요즘 물가에서는 만원권 정도가 적합할 것 같다. 천원짜리 물건 10개를 사면 만원권 1장, 5만원짜리 물건을 사면 만원권 5장을 낸다. 그러나 만약 가격이 4만 7천원이면 5만원을 내고 3천원을 돌려받아야 하겠지만 생체에서는 나머지를 포기한다. 때로는 열로 방출되어 체온유지에 사용되기도 한다.

우리 몸에서 포도당 한 분자는 에너지로 전환하면 약 36-38개의 ATP로 전환되고 나머지는 우리의 체온 유지 등에 사용되거나 열로 방출된다. 만약 5만원이 기본 화폐단위라면 1만원짜리 물건을 사면서 5만원을 내고 거스름돈을 받지 못하므로 손실이 너무 클 것 같다. 그런면에서 ATP는 만원권에 해당하는 돈이 ATP 1분자라고 생각하면 이해가 쉬울 것 같다.

그러나 문제는 이 ATP가 다소 불안정하여(유통 기간이 짧다) 사용하지 않으면 곧 분해된다는 사실이다. 따라서 밥을 먹고 만들어진 에너지를 모두 ATP로 바꾸어 가지고 있다고 가정하면 우리 몸은 이 에너지를 효율적으로 사용하지 못하고 바로 사용하지 못한 ATP는 불안정하므로 분해되어 사용할 수 없게 될 것이다. 이는 우리에게는 손실일 뿐만 아니라 에너지가 필요할 때 마다 계속 밥을 먹을 수도 없는 노릇이므로 ATP를 다른 형태로 또는 ATP로 바꿀 수 있는 다른 물질로 저장해 두었다가 나중에 필요할 때 다시 ATP로 바꾸어 사용하는 것이 낫다.

우리 몸에서는 이를 위해 남은 에너지를 지방으로 저장하거나 글리코겐과 같은 형태로 저장하고 있다가 필요할 때 ATP로 전환해서 사용한다. 글리코겐은 우리의 간, 근육 등에 많이 저장된 아밀로펙틴과 비슷한 구조를 가진 고분자라고 생각하면 된다.

식품을 먹고 나서 대사되는 모든 과정을 일반 독자가 알 필요는 없다. 따라서 이 부분을 전공자가 알아야 할 만큼 자세히 기술할 의도는 없다. 그러나 식품을 선택할 때 필요할 정도는 이해해야 할 것 같아 가장 기본적인 것을 서술한다. 여기 서술한 것은 주된 것을 서술했을 뿐 더 복잡한 반응들이 많이 있으나 우리의 목적에 맞게 가능한 단순화시킨 것이다.

포도당이 분해되는 과정을 해당과정解糖過程, glycolysis이라고 한다. 해당과정은 당을 분해하는 과정이다. 포도당부터 출발하여 서서히 여러 단계에 걸쳐 포도당이 ATP를 생산하면서 피루부산pyruvic acid으로 바뀌는 과정이다. 해당과정을 수행하기 위해서는 산소가 필요없다. 따라서 산소가 없는 상태에서도, 즉 호흡을 멈춘 상태에서도 해당과정은 일어난다. 그러나 해당과정만으로는 포도당이 가진 전체 에너지를 다 뽑아내지 못한다. 전체 에너지 중 일부를 ATP로 바꿔준 정도다. 해당과정은 포도당으로부터 에너지를 뽑아내지만 몸에 필요한 중간단계의 원료 물질 공급의 성격도 강하다.

에너지를 최대로 뽑아내야 할 경우 우리 몸은 산소를 필요로 한다. 산소가 공급되고 있고(즉 호흡을 하고 있고) 에너지를 최대로 뽑아내야 할 경우라면 해당과정에서 만들어진 피루부산은 탄산가스와 물로 바뀌면서 포도당이 가진 에너지를 높은 효율로 ATP로 바꾸어준다(그림 1).

그러나 100m 달리기와 같이 산소공급이 충분하지 못하지만 에너지가 짧은 시간동안 많이 필요할 경우 포도당은 젖산으로 바뀐다. 이때 근육에 쌓인 젖산은 우리에게 근육통으로 다가온다. 젖산이 다 분해될 때까지 쑤시고 근육은 딱딱한 상태를 유지한다. 운동을 해주면 더 빨리 정상으로 돌아갈 수 있다. 그렇지 않으면 젖산이 다 분해될 때까지 시간이 오래 걸리게 된다.

과당fructose이나 갈락토스galactose 같은 당도 우리 몸이 이용하려면 전환과정을 거쳐 해당과정으로 들어와 분해되고 결국 피루부산으로 바뀐다.

피루부산은 우리 몸이 에너지를 많이 필요로 할 경우나 지방을 합성해야 할 경우 아세틸코엔자임AacetylCoA라는 물질로 바뀐다. 일단 피루부산이 아세틸코엔자임A로 바뀌면 피루부산으로 되돌아갈 수 없다. 그림 1을 보면 이해하겠지만 (화살표의 방향을 잘 보기 바람)**이것이 탄수화물과 단백질은 지방으로 바뀔 수 있어도 지방은 탄수화물이나 단백질로 바뀌지 못하는 이유다.**

아세틸코엔자임A는 포도당이 분해될 때뿐만 아니라 지방이 분해될 때도 만들어지고 20가지 아미노산 중 일부 아미노산이 분해되면서 만들어지는 물질이기도 하다. 아세틸코엔자임A가 분해되어 에너지를 생산하고자 할 경우는 탄산가스와 물로 바뀐다. 아세틸코엔자임A가 항상 분해되어 에너지를 만드는 것만은 아니다. 에너지를 만들지 않을 경우에는 오히려 에너지(ATP)를 사용하면서 콜레스테롤, 케톤체(뒷부분에서 설명), 또는 지방 등으로 바뀐다.

지금까지 우리 몸의 대사과정 중 가장 큰 뼈대를 설명했다. 우리 몸의 대사를 이해하는 데 있어 가장 중요한 중간물질은 피루부산과 아세틸코엔자임A 두 가지이다. 식품을 전공하지 않는 사람이 이 물질을 알면 무얼 하나 싶겠지만 과학적으로 식품의 대사전반을 이해하려면 피루부산과 아세틸코엔자임A 만큼은 꼭 알아야 할 분자이다.

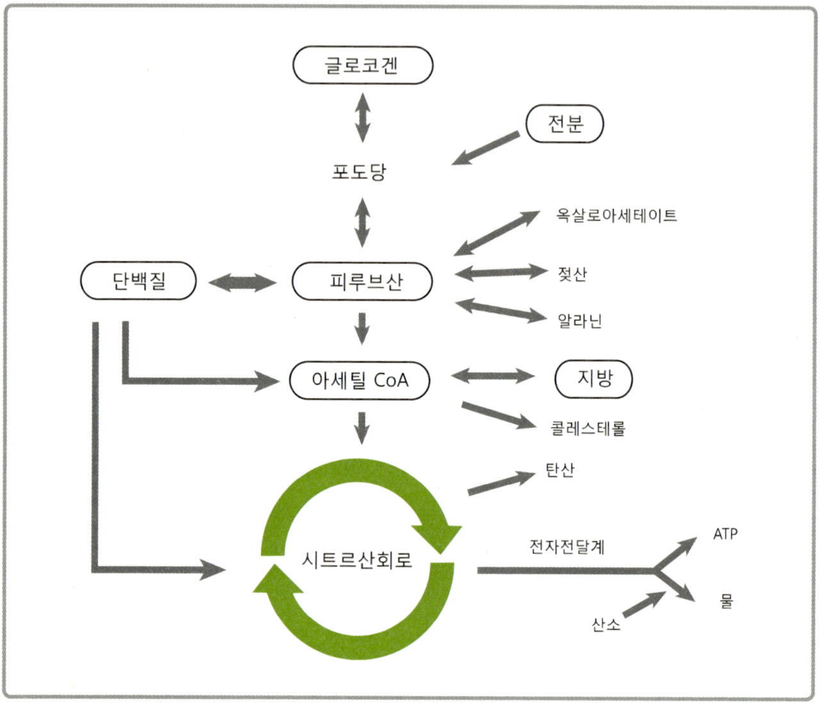

[그림 1]

설명이 조금 복잡해져 버렸다. 최대한 단순화시켜 요약하면 과잉의 포도당은

1) 아세틸코엔자임A로 바뀐 후 지방으로 저장되거나

2) 우리 몸이 필요로 할 경우 중간물질로 이용된다고 이해하자.

밥을 너무 많이 먹어 포도당이 과잉일 경우도 아세틸코엔자임A로 바뀐 후 지방으로 저장된다. 지방을 많이 먹어도 아세틸코엔자임A로 바뀐 후 지방으로 저장된다. 아세틸코엔자임A는 앞으로 필자가 중간 중간 설명할 때 가장 중요한 화합물이다. 반드시 기억하기 바란다.

주요 기관에서의 대사

뇌에서는 장기간의 단식기간이 아니라면 평상시에는 포도당만을 이용한다. 통산 하루에 120그램 정도의 포도당이 소모되는데 이는 약 480칼로리 정도 된다. 아무 것도 하지 않는 휴식시간에도 뇌는 전체 포도당 소모량의 약 60% 정도를 소모한다. 따라서 시험치는 날이나 고도의 두뇌를 사용해야 하는 경우 밥을 굶는 것은 미련한 일이다.

단식기간은 비상사태라고 볼 수 있다. 이때에는 포도당 소모를 줄이기 위해 뇌는 케톤체를 이용한다. 단지 오래 버티기 위해서이다. 케톤체에 대해서는 나중에 지방 부분에서 자세히 설명한다.

근육에서 주로 소모되는 것은 포도당, 지방산, 케톤체이다. 근육이 뇌와 다른 점은 다량의 글리코겐을 저장하고 있다는 점이다(약 1,200칼로리). 이 글리코겐은 갑작스런 운동에 사용되는 경우 포도당으로 전환된 후 젖산으로 바뀐다.

활발하게 작용하는 근육은 알라닌alanine이라는 아미노산도 많이 만드는데 알라닌은 간에서 포도당으로 전환된다. 휴식을 취할 때는 근육은 주로 포도당보다 지방산을 이용하고 심장근육의 경우는 포도당과 케톤체를 함께 사용한다.

지방조직은 체중 70킬로그램의 보통 성인이라면 135,000칼로리 정도를 중성지방의 형태로 저장하고 있다. 지방산의 합성은 주로 간에서 일어나지만 일단 만들어진 지방산을 글리세롤에 붙여 중성지방의 형태로 만들어주는 곳은 지방조직이다. 지방조직에서 지방은 끊임없이 분해되고 재합성된다. 지방이 분해될지 합성될지를 결정하는 것은 지방조직 내 포도당의 농도이다. 포도당 농도가 높으면 지방을 합성하고 포도당 농도가 낮으면 지방을 분해하여 지방산과 글리세롤로 전환한 후 간으로 보내고 지방산이 혈액으로 방출된다.

간은 뇌와 근육, 다른 조직에 연료를 공급하는 기능을 한다. 장에서 흡수된 대부분의 물질은 간을 통과하고 간은 혈액 내 많은 성분들의 농도를 조절해준다. 간은 포도당을 글리코겐으로 바꾸어 저장하는데 이 양은 대략 400칼로리(포도당 약 100그램) 정도 된다. 간은 몸이 포도당을 필요로 할 경우 글리코겐을 분해하여 제공하거나 다른 대사중간물로부터 포도당을 만들어서 제공한다. 포도당 합성의 원료는 젖산과 근육에서 나온 알라닌, 지방조직에서 나온 글리세롤glycerol, 일부 아미노산(음식으로 섭취한 아미노산 중 포도당 합성이 가능한 아미노산들)이다.

고칼로리의 음식을 먹으면 간은 지방산을 합성하여 혈액으로 보내주고 이 지방산은 지방조직에서 지방으로 바뀐다. 그러나 기아상태에서는 지방산을 케톤체(뇌에서 포도당 대신 에너지로 사용 가능)로 바꿔준다. 그 이유는 지방산은 포도당으로 전환될 수 없기 때문에(앞에서 설명했음) 뇌에서의 포도당 소모를 줄이기 위해서는 지방으로부터 케톤체를 생성하여 대신 사용하는 것이 가장 좋은 전략이기 때문이다.

길이가 짧은(분자량이 작은) 지방산은 쉽게 분해되지만 길이가 길면 분해되기 어렵고 지방으로 저장된다. 간은 포도당이 아니라 아미노산 분해산물인 케토산keto acid을 주된 에너지원으로 사용한다.

앞서 언급된 케톤체와 케토산은 아세틸코엔자임A로 바뀌어 대사된다.

과당이 포도당보다 더 나쁜가

과당fructose은 꿀에 특히 많이 들어있는 당이다. 과당은 조직에 따라 이용되는 방법에 차이가 있지만 지방조직의 경우는 해당과정을 거쳐 에너지를 생성한다. 따라서 과당은 포도당과 비슷하다고 보면 된다. 다만 맛이 포도당에 비해 상큼하여 식품가공할 때(예로 빵, 시리얼, 아이스바, 에너지바, 요구르트 등에) 따로 첨가해 주기도 한다.

설탕이 해롭다고 설명하면서 설탕이 분해되면 포도당과 과당으로 바뀌고 이때 과당이 포도당보다 더 나쁘기 때문이라고 이해할 수 없는 설명을 붙이는 전문가를 본 적이 있다. 무슨 근거로 그런 언급을 하는지 그 이유를 설명해 줄 수 있을지 궁금하다.

현재 식품가공에 사용되는 과당은 대부분 포도당을 효소 처리하여 전환시킨 것이다. 전환과정에서 포도당이 100% 모두 과당으로 바뀌지 않고 일반적으로 과당과 포도당이 약 절반씩 섞인 상태가 되는 데 식품가공 시 첨가물로는 대부분 이를 사용한다.

우리나라 사람에 있어 꿀은 다소 특별하다. 왜냐하면 서양에서는 꿀을 단지 감미료의 하나로 생각하는 데 비해 우리나라에서는 꿀이 감미료 이상의 대접을 받고 있기 때문이다. 꿀의 주성분은 과당이다. 꿀이 진정 몸에 좋다면 과당 이외의 다른 성분(예로 꽃가루에서 유래한 로열젤리 중의 어떤 특정성분)이 생리적 활성을 증진시킬 지도 모르겠다. 그러나 이는 혹시 못 살던 시절 영양실조 상태에서 꿀물 한 그릇의 에너지 공급이 가져다 준 효과가 이 같은 믿음을 심어준 것은 아닐까?

올리고당

가끔 TV 등에서 선전하는 것을 보면 올리고당oligosaccharide이라는 용어가 심심치 않게 나온다. 당이 두 개에서 여덟 개 정도가 결합하여 된 것을 올리고당이라고 한다. 식품 중에는 당 두 개가 결합된 것이 주로 많고 3개 이상은 드문 경우이다. 당 두 개가 결합한 것으로는 설탕, 맥아당maltose, 유당lactose 등이 있다. 설탕은 따로 설명하기로 하고 맥아당부터 살펴보자.

맥아당은 말 그대로 맥아malt에 많이 존재한다. 전분을 산이나 아밀라제amylase라는 효소로 가수분해해도 생긴다. 맥아당은 포도당 2분자가 결합한 것이다. 효모가 잘 이용하며 단맛은 설탕의 약 60% 정도이다.

유당(젖당, 락토스lactose 등은 모두 같은 것이다)은 모든 포유동물의 젖에 들어있고 식물에는 없다. 그러니까 유일한 동물성 당이다. 모유에 약 7%, 우유에 약 4.5% 정도 들어있다. 유당을 섭취하면 유산균 발육이 왕성해지므로 다른 균이 잘 자라지 못해 정장작용整腸作用에 도움이 된다. 젖에는 유당 이외에도 당이 세 개, 다섯 개, 여섯 개 붙은 올리고당도 있으나 이들도 대체로 몸에 유익한 것으로 알려졌다.

그 외에 식물의 종자, 뿌리, 콩, 다시마 등에 올리고당이 있으나 그 기능은 아직 잘 모른다.

만병의 주범 설탕

설탕이 나쁘다는 것은 국민상식이다. 왜 나쁠까? 정말 나쁘기는 한 걸까? 설탕은 물론 단맛을 가지고 있으므로 먹고 나서 양치질을 바로 하거나 물로 잘 헹구지 않으면 충치가 생기기 쉽다.

또 설탕은 효소에 의해 포도당과 과당으로 빨리 바뀌므로 혈당을 급격히 높여 식욕을 상실하게 하므로 공복 상태에서 영양소가 골고루 들어 있는 좋은 음식을 먹을 기회를 빼앗아간다. 전분이 분해되어 포도당이 되는 속도보다 설탕이 포도당과 과당으로 바뀌는 속도가 훨씬 빠르다.

급격한 혈당상승은 인슐린의 급격한 상승을 초래하고 지방의 생체 내 합성을 초래한다. 이런 원리로 설탕은 체지방으로 쉽게 바뀌고 설탕을 애용하면 비만이 되기 쉽다.

계속 달게 먹는다고 가정할 때 비만이 오고, 비만은 고지혈증으로, 또 고지혈증은 인슐린저항성으로 이어지고 장기화되면 연쇄작용에 의해 결국 당뇨가 될 것이다.

인슐린의 작용은 앞서 설명한 것처럼 혈당을 떨어뜨리는 호르몬이다. 그러나 고지혈증 상태에서는 혈액 내에 평소에 지방산이 농도가 높고 지방산도 에너지원으로 사용 가능하므로 밥을 먹은 후 인슐린이 분비된다 해도 혈당 수치가 잘 내려가지 않는다. 당연히 우리 몸은 혈당치를 떨어뜨리기 위해 더 많은 인슐린을 분비할 것이다. 그러나 높은 농도의 인슐린에도 불구하고 고지혈증이 아닌 사람에 비해 혈당치는 잘 떨어지지 않을 것이다. 이는 인슐린저항성으로 이어지고 장기화되면 당뇨가 될 것이다.

설탕이 과당을 생성하므로 더 나쁘다고 설명하는 것은 잘못된 견해이다. 포도당과 과당은 동급이다.

우유만 마시면 배가 아픈 사람

우리 주변에 가끔 우유를 마시면 배가 아파 못 먹는 사람이 있다. 이들은 복통, 설사 등을 경험하기도 한다.

왜 그럴까?

사실 사람은 태아나면서 모유를, 모유가 부족하거나 어쩔 수 없는 사정이 있는 경우에는 우유를 먹는다. 즉 일반적으로 우유를 먹는 데 아무 문제가 없었다는 것이다. 이는 우리가 태어나면서부터 우유 속의 젖당(유당)lactose을 분해해주는 효소lactase를 가지고 있기 때문인데 문제는 이 효소가 두 살 이후 서서히 감소되어 6살 정도 되면 현저히 감소된다. 이는 이유식과도 관련이 있을 것이고 진화적으로도 이 나이가 되면 젖당분해효소가 더 이상 필요가 없으므로(젖을 먹지 않으니까) 그렇게 진화되었을 것이다. 즉 이 효소가 더 필요가 없으므로 퇴화되는 것일 것이다.

이 효소가 감소하는 정도는 인종에 따라 달라 백인의 경우에는 약 10% 정도만 감소를 보이는 반면 흑인의 약 70%, 동양인의 약 90%는 이 효소가 감소되고, 특히 한국인의 경우 성인의 약 84% 정도는 이 효소가 없다고 한다.

우유를 마셨는데 유당분해효소가 없을 경우 유당은 분해되지 않은 채 큰창자로 넘어가게 되고 그곳에서 세균에 의해 분해되는 데 이때 수소, 이산화탄소, 메탄가스 등의 가스가 만들어지고 지방산과 단당류가 만들어지면서 삼투압에 의해 물이 대장으로 끌려 들어오면 배가 부글부글 끓는 느낌과 함께 설사를 하게 된다.

이 시점에서 많은 사람은 의아하게 생각할 것이다. 우리 주변에 우유 못 마시는 사람이 그렇게까지 많지는 않으니까. 그러나 이는 장에서 자라고 있는 유산균 덕분으로 우유를 못 마시는 사람도 조금씩 계속 마셔 가면 유산균이 장에서 증식되어 유당을 분해해 주므로 우유를 마시는 것이 가능해진다. 장내 유산균이 풍부할 경우 우유도 먹을 수 있게 되고 유산균도 자라 장 건강에도 도움이 된다. 일석이조 아닌가?

밀가루 음식은 몸에 나쁜가

우리나라는 예로부터 쌀밥 먹는 것을 최고로 생각했다. 별미로 우리밀로 만든 칼국수나 수제비를 먹기도 했다. 서민보다는 물론 고가故家에서만. 이런 수제비가 가난한 사람이나 먹는 저급음식으로 바뀐 이유는 6.25 전쟁 이후 구호물자로 들어온 미제 밀가루의 힘이 컸다. 구호물자로 들어온 밀가루는 대부분 수제비로 바뀌어 우리의 식단 상당 부분을 차지했다. 당연히 쌀밥은 고급이고 수제비와 칼국수는 저급으로 인식되었다. 방문한 집에서 수제비나 칼국수를 내 놓으면 푸대접 받은 기분이 들 정도였다. 옛날엔 양반댁 고급음식이었던 것이 천대받고 있는 것이다.

그러나 빵으로 눈을 돌리면 전혀 다른 스토리가 된다. 빵은 서양에서 들어 온 고급 먹거리로 인식되었다. 대체로 한방에서는 밀가루 음식은 한약을 먹는 환자들이 피해야 할 음식이다. 그러면 그 실체를 한번 살펴보자. 정말 그런지.

우선 통밀이 수입되면 제분이라는 공정을 거친다. 소위 가루로 만드는 과정이다. 얻어진 가루를 채를 쳐서 배유라고 부르는 우리가 주로 식용하는 부분과 밀의 눈에 해당하는 배아를 따로 분리하는데, 이때 남은 표피 성분을 「밀기울」이라고 한다. 따라서 밀기울은 과거 영양가를 따지던 시절에는 최악의 식품으로, 식품이라기에는 사료로나 가능한 것이었다.

밀가루부터 살펴보면 밀에 존재하는 단백질인 글루텐의 함량에 따라 글루텐이 많으면 강력분, 적으면 박력분, 중간이면 중력분이 되겠다.

그러면 한방에서 밀가루를 피하라고 하는 이유는 무엇일까? 답은 「과학적 설명은 없다」이다. 그러면 밀가루가 질환을 더 많이 유발하는 것은 사실일까?

현재까지 밀가루와 관련하여 알려진 질환은 셀리악스프루라는 매우 드문 질병 한 가지뿐이고 이는 밀가루, 귀리, 보리 등에 있는 단백질에 대한 작은창자의 알러지allergy성 질환이라고 한다. 그나마도 한국인에게는 보고된 예가 없다고 한다. 그래서 의학계에서는 막연히 그렇다고 믿다보니 믿게 되는 최면일수도 있고, 밀가루가 가공식품에 많이 사용되므로 이때 포함된 우유나 지방성분이 알러지 반응을 보이기 때문으로 추측하기도 한다. 물론 밀가루의 해악을 현대 의학이 아직 밝혀내지 못했을 수도 있겠지만.

따라서 현재로서는 밀가루 음식을 피해야 하는 과학적 근거는 없다. 물론 밀가루 음식은 혈당치를 쌀밥이나 현미밥보다 훨씬 빨리 높이므로 건강에 더 나쁜 음식이다. 혈당치의 빠른 상승은 인슐린 분비를 촉진하고 따라서 건강에 나쁘다고 앞에서 설명한 바 있다.

만병통치약 식이섬유

식품에 함유된 탄수화물이 모두 전분은 아니다. 다만 쌀, 밀가루 등 우리가 주식으로 사용하는 곡물들은 전분의 함량이 높은 것들이므로 소화흡수율이 높으나 소화되지 않는 식이섬유도 함께 들어있다. 식이섬유는 대부분의 경우 탄수화물의 일종으로 우리 몸에 존재하는 소화효소로는 자를 수 없는 것들이다. 그러나 식이섬유들은 비록 에너지원으로 사용되지는 않아도 건강에 많은 도움을 준다.

일반적으로 식이섬유는 물에 녹는 것과 물에 녹지 않는 것으로 나눌 수 있다. 물에 녹지 않는 식이섬유로는 셀룰로스cellulose, 헤미셀룰로스hemicellulose, 펙틴pectin 등을 들 수 있다. 이들은 대체로 **변비, 대장암, 위궤양 등의 소화기질환을 개선해 주는 효과**가 있다. 물에 녹는 식이섬유로는 펙틴(펙틴은 물에 녹는 것과 녹지 않는 2가지 종류가 있다), 검류gum, 해조다당류 등을 들 수 있는데 **대사성당뇨병, 고지혈증, 고혈압, 콜레스테롤 등 심혈관계 질환을 개선해주는 효과**가 있고 가공식품에서는 음료에 첨가되는 경우가 많다.

식이섬유가 몸에 좋은 이유를 열거하면 약 20가지 정도 된다. 이 정도면 만병통치라고 해도 되지 않겠는가?

a. **대장기능의 정상화**

(셀룰로스, 헤미셀룰로스, 리그닌 등)

변비 등으로 병원을 가면 처방해 주는 것은 대부분 셀룰로스 등의 식이섬유이다. 장운동 등 대장기능의 정상화를 도와준다.

b. **혈청지질농도의 정상화**

(글루코만난glucomannan, 갈락토만난galactomannan, 구아검guar gum, 로크스트콩검Locust bean gum, 알긴산alginic acid, 한천agar 등)

c. **식후의 혈당 반응성 감소**

(글루코만난, 갈락토만난, 구아검, 로크스트콩검 등)

식이섬유가 많은 음식을 함께 먹으면 당연히 전분을 포함한 다른 음식의 섭취가 줄게 된다. 식이섬유는 소화효소가 분해하지 못하므로 혈당치의 급격한 상승을 방해한다.

d. **각종 소화기계 증상 경감**

(셀룰로스, 헤미셀룰로스, 펙틴, 갈락토만난 등)

물에 녹지 않는 셀룰로스 등의 식이섬유들은 소화기의 기능을 정상상태로 유지시켜준다.

e. **관동맥성 심질환의 위험성 감소**

(리그닌, 글루코만난, 갈락토만난, 구아검, 로크스트콩검, 알긴산, 한천 등)

f. **분변 용량의 증가**

(셀룰로스, 헤미셀룰로스, 리그닌 등)

변은 어느 정도 고형화되어야 하는데 식이섬유가 있어야 가능하다.

g. **장 내용물의 통과시간 단축**

(펙틴 등)

장내용물의 통과시간이 길어지면 대장 등에서 수분 흡수가 일어나는 시간이 길어지므로 변비로 발전할 가능성이 크다. 식이섬유를 많이 섭취해야 하는 이유이다.

h. **장내 압력감소**

(셀룰로스, 헤미셀룰로스 등)

i. **식사성분의 소화흡수에 영향**

(펙틴 등)

j. **담즙산의 감소로 인한 담석증 예방**

k. **장내세균의 종류와 대사의 변동**

장내세균이 활발하기 위해서는 식이섬유가 필요하다. 최근 장내세균과 비만과의 연관성이 주목을 받고 있다.

l. **콜레스테롤이나 독성물질의 흡착**

(글루코만난, 갈락토만난, 구아검, 로크스트콩검, 알긴산, 한천 등)

많은 독성물질들이 식이섬유에 의해 흡착되어 몸 밖으로 배설된다.

m. **음식물 성분의 소화관내 확산 억제**

변비에 걸리게 되면 대변이 제때 배출되지 못하므로 음식물 찌꺼기 성분들을 재흡수하게 된다. 이는 노화 등과도 연관될 수 있다.

n. **비만 예방, 체중 감량**

(글루코만난 등)

장내세균과 비만과의 연관성이 주목을 받고 있다. 풍부한 식이섬유의 섭취는 장내세균을 건강하게 유지시켜준다.

o. **당뇨병을 억제하는 인슐린의 절약작용**

(글루코만난, 구아검 등)

식이섬유의 섭취는 급격한 인슐린 상승을 막아준다. 따라서 당뇨의 예방이 가능하다.

p. **고지혈증 및 동맥경화 예방**

(글루코만난, 갈락토만난, 구아검, 로크스트콩검, 알긴산, 한천 등)

q. **협심증, 심근경색 등의 허혈성 심질환 예방**

r. **혈압강화로 인한 고혈압 예방**

(글루코만난, 구아검, 알긴산 등)

s. **장암 예방**

(셀룰로스, 헤미셀룰로스, 리그닌 등)

지속적인 변비는 대장암과 연관이 있다. 식이섬유는 변비를 막아주고 대장건강을 도와준다.

t. **식욕 억제**

식이섬유의 섭취는 포만감을 가져오므로 같은 양을 먹더라도 적은 칼로리를 섭취하게 해 준다.

나열해 놓고 보니 중복된 것들도 있지만 정말 만병통치약인 것 같다.

그러나 어떤 음식이 좋다고 식품의 특정성분만 강조하는 것은 올바른 것이 못된다. 이는 지나친 왜곡이며 사실 실험적으로 직접 증명된 것도 별로 없다. 특히 TV프로에서 어떤 음식이 어디에 좋다면서 소개하고 이를 함께 시식하는 모습은 코미디 같은 진풍경이다. 그 음식만 늘 먹을 수도 없지 않은가? 가능한 가공을 덜 거친 음식을 골고루 먹자.

몇 가지 가공식품에 사용되고 있는 식이섬유에 대해 알아보자.

폴리덱스트로스polydextrose를 기본으로 상품화한 음료가 많이 시판되고있다. 폴리덱스트로스는 고분자 합성품인 수용성 식이섬유로 이를 구성하는 성분을 분석하면 포도당이 주성분이고 솔비톨sorbitol 약 10%, 시트르산 약 1% 정도 된다. 동물실험 결과 이는 일종의 체내 유익균의 생장을 도와주는 프리바이오틱스prebiotics이고 미국 FDA가 1981년 승인했다.

폴리덱스트로스 1개당 포도당 개수는 평균 12개인데 칼로리는 1kcal/g 정도이고(일반 탄수화물의 1/4) 음료, 하드, 캔디, 샐러드 드레싱, 스낵, 쿠키, 초콜릿 등 다양한 가공식품에 첨가된다. 일반인은 문제가 없으나 민감한 사람의 경우 복통, 가스 채임 등의 증세를 보일 수 있다고 한다. 따라서 몸에 좋다고 하루에 폴리덱스트로스가 많이 함유된 음료를 여러 병 마시는 것은 좋을 게 없다. 모든 음식은 적당량 먹는 것이 올바른 섭취방법이다.

최근 난소화성 말토덱스트린을 이용한 제품들이 개발되고 있다. 난소화성 말토덱스트린은 옥수수가루를 효소처리하거나 가열처리한 후 효소에 잘 분해되는 부분은 제외하고 잘 분해되지 않는 것만 따로 모아 놓은 것이다. 따라서 우리가 먹더라도 소화가 잘 안 되는 것은 당연하고 소장에서 통과시간을 지연시키거나 식사로 섭취한 당의 흡수를 방해하게 된다. **혈당이 서서히 상승할 수 있도록 도와주므로 인슐린 분비를 조절하면서 많은 에너지의 섭취를 가능하게 해주는 효과**가 있다.

일본에서는 난소화성 말토덱스트린을 이용하여 저칼로리 쌀을 개발한 바 있고 최근 우리나라에서도 햇반 등에 이것을 첨가한 제품을 개발한 바 있다. 식후 혈당조절이 염려되는 사람에게 적합한 건강기능식품의 원료라고 판단된다. 한 번에 4.6-9.8g 정도 섭취하는 것이 적정량이라고 한다. 너무 많이 먹으면 속이 거북한 것은 당연한 일.

국내 어느 인기 아이돌가수가 양갱을 이용해서 다이어트를 했다고 한다. 가능할까? 우선 양갱 포장지를 한 번 보자. 양갱의 주원료는 한천이다. 양갱이 매우 달아 칼로리가 아주 높을 것 같은데 표지를 보면 칼로리는 생각보다는 높지 않다.

일본의 과학기술청의 발표에 의하면 일본식품 중 식이섬유 소비량은 한천이 80.9%로 단연 1위라고 한다. 한천은 양과자의 재료로 오랜 기간 사용되어 왔고 유해성이 보고된 바가 없어 식품제조 가공시 재료로 사용해도 반드시 표시해야 할 의무가 없고 또 얼마 이상 먹으면 안 된다는 섭취제한도 없다. 즉 우리가 안심하고 먹어도 되는 안전한 식품소재라고 볼 수 있다.

홍조류red algae(바다에서 자라는 붉은색 조류)로부터 추출해 내는 데 사람은 이를 분해하는 소화효소가 없으므로 칼로리가 없다. 먹는대로 거의 그대로 대변으로 배설된다고 보면 된다. 따라서 변비와 다이어트에도 좋다. 이쯤되면 간식으로는 최고 아닌가? 물론 조금 덜 단 상태로.

이제 밀기울로 관심을 돌려보자. 밀기울은 기능성을 강조하는 현대에 와서는 아주 각광받을 수 있는 훌륭한 기능을 가진 식품재료가 된다. 주성분은 셀룰로스, 헤미셀룰로스 등의 물에 녹지 않는 식이섬유를 많이 함유하고 있어 변비를 예방하고 최근의 연구 결과는 당뇨병, 심장질환, 대장암 예방에도 효과가 있다고 한다. 최근 이를 정제하여 분말이나 프레이크flake로도 출시되고 있고 빵에도 들어가며 가정에서 요리 시 첨가할 수 있는 제품도 개발되고 있고 다른 곡분과 섞어 맛을 개선하는 연구도 진행 중에 있다. 밀기울이 밀보다 각광받는 세상. 많이 달라진 세상이다.

셀룰로스cellulose는 아밀로스처럼 포도당이 일렬로 연결된 것이나 연결 방식이 다르다. 불행하게도 사람에게는 셀룰로스를 분해하는 소화효소가 없다. 따라서 우리가 먹어도 칼로리는 없다. 이는 식량으로 바로 사용할 수는 없다는 의미이다. 우리가 셀룰로스를 분해할 수 있다면 식량문제는 간단히 해결될 것이다.

그러나 셀룰로스는 다른 용도로도 많이 사용되고 있다. 셀룰로스는 보통 식물의 세포벽을 구성하므로 너도밤나무, 단풍나무 등에서 정제해서 분말화해서 사용하는데 안정제stabilizer 등의 식품물성 개량제로도 사용한다. 대표적인 것이 아이스크림, 청량음료, 과자, 빵, 라면 등에서의 안정제(식품첨가물)로 사용하는 것과 소시지 등에서 점착제(식품첨가물)로 사용하는 것이다.

그러나 셀룰로스의 식품으로서의 가치는 식이섬유로 장에 기동성을 주고, 수분을 유지시켜 주며, 배설물의 양을 늘려주어 변비를 예방하고, 강한 흡착력으로 노폐물과 금속물질을 제거해주고, 혈청 콜레스테롤을 감소시켜주는 데 있다. 따라서 식량으로 사용하지 않더라도 너무 너무 좋은 용도가 많다.

펙틴pectin하면 모르는 사람이 없을 정도로 다 아는 물질인 듯하나 사실 제대로 아는 사람은 별로 많지 않다. 펙틴은 단일 물질이 아니고 여러 형태의 물질이지만 나름 공통된 구조와 성질을 가진다. 교질성colloidal property이 있고 적당량의 당분과 산이 존재하는 상태에서 가열하면 젤gel 상의 형태로 만들어지므로 우리가 잼, 젤리를 만들 때 이 특성을 이용한다.

과일이 익어갈 때 단단하던 것이 물렁해지고, 단단하던 과일을 저장 또는 실온에 며칠 방치하면 푸석푸석해지는데 이는 과일에 자연적으로 존재하는 펙틴분해효소가 펙틴질을 분해했기 때문이다.

식이섬유가 많은 식품에는 어떤 것이 있을까

대표적인 것이 밀기울, 우뭇가사리, 무말랭이, 팥, 쌀겨, 김, 다시마 등을 들 수 있다. 물론 시금치, 당근, 토마토, 복숭아, 사과 등에도 많이 있다. 곡물로는 보리밥, 현미 등이 식이섬유가 많은 음식이다.

키토산

키토산chitosan에 대해 설명하기 전에 키틴chitin에 대한 설명이 먼저 필요하다. 키틴은 1811년 Branconot에 의해 버섯에서 최초로 발견되었으나 새우나 게 등의 껍질에 많은 일종의 탄수화물이다. 이후 1823년에 Ordier에 의해 생물의 외피를 이루는 물질이라는 의미의 그리스어인 키틴이라 명명되었다.

우리나라의 식품공전(한국식품공업협회는 식품공전에 각 식품에 대한 규격을 명시해주고 있다. 식약처 홈페이지에서 확인할 수 있다)은 키토산에 대해 **갑각류의 껍질을 분쇄, 탈단백(단백질 성분 제거), 탈염화한 키틴을 화학처리(탈아세틸화; 아세틸기를 없앰)하여 얻어진 키토산을 효소 처리하여 식용에 적합하도록 가공한 것**이라고 정의하고 있다. **쉽게 말해 키틴을 화학적 처리와 효소적 처리를 통해 식용 가능하게 변형시킨 것**이다. 현재는 이를 주원료로 해서 섭취가 쉽도록 페이스트상, 분말, 과립, 정제, 캡슐 등으로 가공한 것이 많이 개발되고 있다.

키틴은 갑각류, 곤충류, 균류 등에 의해 연간 약 1,000억 톤 이상 생산되는 천연고분자이다. 문제는 물에 녹지 않는다는 점이다. 물에 녹지 않으니 당연히 반응성이 없고 과거에는 연구나 이용이 거의 없었다. 그러나 식용이 가능한 키토산이 독성이 없으면서도 몸에 유익한 기능이 많다는 보고가 이어지면서 건강지향성 식품, 의약품, 식품보존제, 중금속흡착제, 효소고정화제, 화장품, 사료, 토양개량제 등 생체 응용가치가 높은 물질로 재평가하게 되었다.

문제는 키토산을 만병통치약인 것처럼 선전하고 있다는 점이다. 키토산은 산에만 녹고 물이나 알코올에 녹지 않고, 점도가 높으며 단백질이 존재하거나 pH가 상승 시 응집하고 쓰거나 떫은맛을 내는 등 현재로서는 식품 및 의약품에 응용하기 위해서는 해결해야 할 과제가 많다.

현재 건강보조식품과 다이어트식품 등에 첨가되고 항종양작용(면역기능 증강 및 부활작용), 콜레스테롤 개선작용, 고혈압 억제작용, 항균 및 항진균작용, 체내 중금속 흡착작용 등 만병통치 기능이 있다고 각종 광고에 이용되고 있다. 그러나 지방의 흡수를 방해하는 기작에 의한 다이어트 소재로서는 잘 규명되어 있으나 나머지 사항은 다소 과장이거나 보다 완전한 규명을 기다리고 있다. 허위과대 광고에 주의하시길.

CHAPTER 03

단백질 관련

우리가 섭취한 단백질은 어떻게 이용이 되나

⋮

콜라겐을 먹으면 탄력있는 피부를 유지할 수 있을까

⋮

필수아미노산

⋮

채식주의자들이 유의해야 할 점

⋮

날로 먹는 고기, 익혀 먹는 고기

⋮

동물성 단백질은 해로운가

탄소, 수소, 산소로만 되어 있는 탄수화물과 지방에 비해 단백질은 평균 약 16%의 질소와 0-2.4%의 황을 함유한다. 따라서 고기를 많이 먹고 난 다음날의 소변, 대변은 질소와 황 때문에 냄새가 좋지 않다.

지구상에 존재하는 생물체를 구성하는 단백질을 분석해보면 어느 생명체로부터 유래하건 20가지의 동일한 아미노산으로 구성되어 있다. 대장균, 포도주 발효를 가능하게 해주는 효모, 간장발효를 가능하게 해주는 곰팡이, 우리 집 애완견, 쇠고기, 돼지고기도, 책을 읽는 독자도 그 몸을 구성하는 단백질은 20가지 공통된 아미노산으로 구성되어 있다. 이는 지구상의 모든 생명체가 한 조상으로부터 유래하며 이를 벗어나서는 생존 자체가 불가하다는 것을 보여준다.

우리 몸을 구성하는 단백질은 형태에 따라 끈 모양의 섬유상 단백질fibrous protein과 공 모양의 구상단백질globular protein 두 가지로 크게 나눌 수 있다. 섬유상 단백질에는 사람의 피부, 머리카락, 손톱 등을 구성하는 케라틴과 뼈, 피부, 각종 장기에 분포하는 콜라겐 등이 있고 구상단백질은 각종 효소와 기능성 단백질들이라고 보면 된다.

우리가 섭취한 단백질은 어떻게 이용이 되나

단백질의 경우는 포도당에 비해 좀 복잡한데 단백질은 분해되면 20가지 아미노산으로 되고 어떤 종류의 아미노산이냐에 따라 이후 네 가지 다른 경로(자세히 몰라도 이 책을 이해하는 데 문제가 되지 않음)를 거칠 수 있다.

- ✶ 아미노산을 재료로 하여 다른 새로운 단백질의 생성
- ✶ 피루부산으로 바뀌는 경우(6가지 아미노산)
- ✶ 아세틸코엔자임A로 바뀌는 경우(8가지 아미노산)
- ✶ 에너지를 생산하거나 다른 물질을 합성하는 데 필요한 원료물질 공급에 사용되는 경우(13가지 아미노산)

요약하면 단백질이 분해된 아미노산들은 1) 단백질 생성의 기본 재료가 되거나 2) 아세틸코엔자임A로 바뀌어 사용되거나 3) 에너지를 생산하거나 4) 다른 물질 생성의 재료가 된다.

콜라겐을 먹으면 탄력있는 피부를 유지할 수 있을까

우선 많이 화제가 되는 것이 콜라겐collagen이다. 요즘 콜라겐은 화장

품 등의 소재가 되기도 하고 콜라겐을 먹으면 탄력있는 피부를 유지할 수 있을 것으로 기대하고 콜라겐이 많이 들어 있다고 알려진 돼지껍데기를 먹기도 한다. 돼지껍데기를 먹는 사람이 많아지다 보니 고깃집에서 공짜로 주던 돼지껍데기가 요즘은 비싼 가격을 치러야 먹을 수 있게 되었다.

콜라겐은 물이나 묽은 산, 묽은 알칼리에는 잘 녹지 않아 물이나 산, 알칼리용액에서 장시간 끓여야 겨우 녹아 나오는 물질이다. 분자량이 매우 큰 고분자로 우리가 식용하거나 피부에 바를 경우 바로 흡수되지 않는다. 또 흡수된다 하더라도 사람과 다른 동물은 콜라겐의 구조와 성분이 동일하지 않아, 즉 동물의 콜라겐이 사람의 콜라겐이 될 수 없으므로 바로 이용되지 않는다. 자신이 필요로 하는 콜라겐은 자신의 몸속에서 콜라겐을 필요로 하는 생명체가 직접 만들어 내는 수밖에 없다.

필자의 견해는 콜라겐을 먹고 바르는 것보다 양질의 고기를 먹어 몸속에서 제대로 된 콜라겐이 만들어지게 하는 것이 젊은 피부를 유지하는 데 더 도움이 될 것으로 생각한다. 양질의 고기란 아미노산 조성이 골고루 다 들어있는 단백질을 말한다. 하지만 고깃집에서 돼지껍데기를 먹으면 고기를 덜 먹을 테니 돼지껍데기는 다이어트용으로는 효과가 있을 것이다.

이 콜라겐을 물, 산, 염기 등으로 장시간 끓여 녹여낸 것이 젤라틴

gelatin이다. 젤라틴은 마시멜로, 각종 디저트, 각종 캡슐, 공업용 아교 등의 소재로 광범위하게 활용되고 있다.

필수아미노산

우리 몸을 구성하는 아미노산이 20가지이지만 이중 체내에서 합성되는 것은 12가지뿐이고, 나머지 8가지 아미노산(발린, 류신, 이소류신, 트레오닌, 페닐알라닌, 트립토판, 메치오닌, 리신)은 식품을 통해 섭취해야만 되므로 이 8가지 아미노산을 필수아미노산이라고 부른다. 우리가 필수아미노산 이름을 일일이 외울 필요는 없다. 그러나 최소한 모든 아미노산이 체내에서 합성되는 것은 아니며 일부는 따로 섭취해야만 한다는 사실은 명심해야 한다. 따라서 필수아미노산이 골고루 들어 있는 동물성 단백질이 식물성 단백질보다 더 우리 몸의 아미노산 조성과 유사하므로 더 나은 단백질원이다.

채식주의자들이 유의해야 할 점

이 시점에서 채식주의에 관해 몇 가지 언급하고자 한다. 채식주의는 말 그대로 채식을 고집하는 사람들이다. 이 중에는 질병, 동물애호,

종교적인 신념 등에 의해 채식을 하거나, 채식을 권하는 안내 책자를 읽고 또는 매스컴에서 각종 체험담을 듣다보니 보다 나은 건강을 위해 채식을 하는 등 개개인이 나름대로의 이유가 있을 것이다. 그러나 일단 과학적 사실은 받아들이고 이를 통해 보다 나은 방법으로 채식을 실천하기 바란다.

일반적으로 고기, 달걀, 우유, 치즈 등의 동물성 식품에는 20가지 아미노산 특히 필수아미노산이 골고루 들어 있다. **그러나 대체로 식물성 식품에는 20가지 아미노산이 골고루 들어 있지 않아 필수아미노산의 함량이 부족한 경우가 많다.** 밭에서 나는 쇠고기라는 콩과 전분 원료로 많이 사용되는 옥수수를 예로 들어보자. 콩의 경우 여덟 가지 필수아미노산 중 일곱 가지는 대체로 충족시키고 있으나 메치오닌methionine은 많이 부족한 편이다. 옥수수는 여섯 가지는 충족되나 트립토판tryptophane과 라이신lysine이 절대적으로 부족하다. 따라서 두 가지 곡물을 함께 섭취하면 서로 보완이 가능하나 콩이 좋다고 콩 위주의 식사를 고집하면서 고기, 우유, 달걀, 치즈 등의 동물성 식품은 전혀 섭취하지 않는다면 심각한 단백질 불균형이 올 수 있다. 최근 원푸드 다이어트를 하는 사람들도 있다고 하는데 극히 위험한 일이다. 이 경우 필요한 아미노산이나 포도당은 체단백질을 분해해서 공급해야 한다. 극히 위험한 다이어트 방식이다.

채식이라고 다 좋은 것은 아니다. 모든 음식을 가능한 골고루 먹자.

날로 먹는 고기, 익혀 먹는 고기

천연단백질은 원래 고유의 형태native conformation를 가지고 있는데 고기를 예로 들면 생고기가 여기에 해당하겠다. 그러나 물에 삶거나 구워 먹을 경우 고기의 색이 변하고 육질이 단단해지는 것을 우리는 안다. 이 경우 우리는 단백질이 변성denatured되었다고 한다. 이 경우 단백질을 실에 비유한다면 감긴 실이 풀어진 경우이다.

단백질이 변성되는 경우는 단백질을 가열하거나 얼리거나, 말리거나, 산·알칼리에 노출시키거나 고농도의 소금에 절이는 경우이다. 일반적으로 단백질의 변성이 일어난 경우 몇 가지를 제외하고는 실생활에서 자연의 형태로 돌아가기는 어렵다는 것을 우리는 경험으로 안다. 즉 익은 고기를 식혀서 아무리 두어도 원래의 생고기로 돌아가지는 않는다.

생고기와 익은 고기를 비교하면 익힌 고기는 우선 소화효소가 작용하기 쉽다. 소화효소는 고기를 잘라주는 것으로 고기가 잘라져 이를 구성하는 아미노산으로 바뀌어야 비로소 우리가 이 아미노산을 장에서 흡수하여 이를 재료로 체내에서 필요로 하는 단백질을 합성할 수 있다(앞에서 콜라겐도 우리 몸에서 합성해야 내 것이 된다고 했다). 생고기는 익힌 고기에 비해 혀에서는 부드럽게 느껴지지만 각 단백질 분자에 소화효소가 작용하여 아미노산으로 변환시키기는 어렵다. 맛이 좋고 나쁨과 내 이가 단단하게 느끼고 연하게 느끼는 것과는 무관한 이야기다. 날로 먹을 경우 식중독균, 기생충란 등의 위험도 각오해야 한다.

동물성 단백질은 해로운가

단백질을 섭취하는 것은 우리가 필요로 하는 단백질을 체내에서 자체 생산하기 위한 재료를 공급하는 것에 해당한다. 물론 같은 고기를 먹더라도 다른 단백질이 만들어지는 것은 사람마다 유전자가 다르기 때문이다. 그럼에도 불구하고 청소년기에는 키가 크기 위해서는 많은 세포의 증식이 요구되고 세포의 증식에는 많은 단백질이 필요하므로 일반적으로 다량의 단백질을 섭취해야 함은 물론이다. 성인의 경우에도 몸을 구성하는 세포가 약 100조 정도 되고 일상생활만으로도 몸을 유지하기 위해서 기능을 다한 많은 세포들이 매일 매일 죽어나가고 이를 대체할 새로운 세포가 만들어져야 하므로(초당 약 100만개의 세포가 만들어진다고 한다), 이를 위해 우리는 양질의 단백질을 섭취해야만 한다.

앞서 언급한 것처럼 **대체로 동물성 단백질은 20가지 아미노산을 골고루 함유**하고 있다. 특히 우유와 계란은 20가지 아미노산이 골고루 들어 있는 좋은 음식이다. 우리는 주변에서 항암치료 등의 이유로 세포가 급격히 죽어나가면서도 새로운 세포 생성이 억제되는 경우 급격한 체중 감소가 일어나는 것을 볼 수 있다. 새로운 세포가 제대로 만들어지게 하기 위해서 우리는 각종 음식을 골고루 먹어야 한다. 다양한 재료로 된 식품을 골고루 먹어야 서로 상호 보완이 되는 것이다. **채식을 하는 사람은 필수아미노산의 부족을 메우기 위해 하루에 우유 한잔 또는 계란 한 개 정도는 먹어주자.** 종교적 신념이 아니라면 채식주의는 사실 권하고 싶지 않다.

방송에 출연하여 식물성 단백질이 동물성 단백질보다 더 좋은 단백질이라고 태연히 말하는 전문가를 보면 경악을 금하기 어렵다. 이 분이 정말 전문가가 맞나 싶다.

단백질은 앞서 언급한대로 20가지 아미노산으로 구성되어 있다. **우리 몸을 구성하는 아미노산 패턴과 가장 비슷하게 먹는 것이 이상적이다.**

그러나 사람단백질을 먹을 수는 없으므로 여러 가지 식품을 골고루 섭취해서 필수아미노산이 부족하지 않도록 해야 한다. 식물성 식품이 동물성 식품보다 건강에 좋을 것이라는 견해는 많은 부분 인정된다. 이는 식물성 단백질이 동물성 단백질보다 나아서가 아니라 식물에 함유된 다른 여러 성분들(예로 식물의 폴리페놀 성분이라든지 불포화지방이라든지) 때문이다.

다시 말하거니와 아미노산 패턴 자체는 동물성 단백질이 식물성 단백질 보다 일반적으로 우수하다. 여기서 우수하다는 것은 20가지 아미노산이 골고루 잘 들어 있어 우리 몸이 요구하는 아미노산 패턴과 비슷하다는 의미이다. 지방에 있어서는 동물성 지방이 식물성 지방보다 포화지방의 비율이 높으므로 식물성 지방이 건강에 더 좋을 수도 있을 것이다. 그러나 단백질만 비교하면 동물성 단백질이 식물성 단백질보다 우리 몸의 구성비에 가깝다. 동물성 단백질이 해롭다는 것은 무식해서 하는 말이다.

CHAPTER 04

지방 관련

지방의 역할

⋮

지방은 어떤 물질인가

⋮

우리가 섭취한 지방은 어떻게 이용되나

⋮

콜레스테롤과 식물성 스테롤

⋮

포화지방산과 질병과의 관련성

⋮

필수지방산

⋮

건강에 좋다는 동물의 기름

⋮

오메가3 지방산은 정말 몸에 좋은가

⋮

트랜스지방

⋮

한 번 사용한 기름은 버리자

⋮

지방의 산화를 막아주는 물질들

⋮

올리브기름

⋮

초콜릿

⋮

지방대체물질

지방은 일반적으로 물에 잘 녹지 않고 유기용매(예로 에테르, 벤젠 등)에 녹는 성분이다. 보통 실온에서 고체상태인 것과 액체상태인 것으로 나눌 수 있는 데 고체상태인 것을 굳기름fat 액체상태인 것을 기름oil이라고 한다.

우리 몸을 구성하는 성분은 개인에 따라 다르겠지만 대략 물 60%, 단백질 15%, 지방 15%, 무기질 5%, 탄수화물 2% 정도라고 한다. 우리 몸의 지방을 체지방이라고 부르는데 이중 약 80%는 피부 밑에 피하지방으로 존재하고 나머지 약 20%는 배나 내장 등에 저장되어 있다. 전체 지방 중 약 2-3%는 세포막을 구성하고 있다. 필수아미노산과 마찬가지로 일부 지방은 세포의 구성을 위해 꼭 필요한데 인산성분을 포함한 인지질과 콜레스테롤 등이 그러하다.

사람에 있어 지방세포의 수는 태아시기 마지막 3개월과 생후 1년 그리고 청소년기에 급격히 증가된다. 어렸을 때는 지방세포의 숫자가 크게 증가하는 반면 성인이 되고나면 지방세포의 수는 별 변화가 없으면서 지방세포의 크기만 커진다. 따라서 어려서 너무 영양이 과잉일 경우 지방세포의 수가 영구적으로 늘어나게 되므로 성인이 된 후 지방의 조절은 매우 어렵게 된다. 귀엽다고 어릴 때 너무 고칼로리로 먹이면 평생 고생한다. 어릴 때 보약을 많이 먹이는 것도 이런 관점에서 별로 바람직하지 못하다.

지방의 역할

지방은 우선 우리 몸의 에너지원이다. 같은 질량의 경우 탄수화물이나 단백질에 비해 약 2배 이상의 에너지 저장이 가능하다. 따라서 진화적으로 식량공급이 어려운 시기에 지방 저장을 쉽게 하는 많은 유전자가 보존되어 오늘에 이르는 것은 너무도 당연한 일이다.

지방은 에너지만 저장하는 것이 아니라 많은 지용성 비타민의 저장 및 운반 기능도 담당한다. 지용성 비타민으로는 비타민 A, D, E, K 등을 들 수 있다. 이들 지용성 비타민에 관한 설명은 비타민 부분을 참고하기 바란다. 지방이 너무 적은 사람의 경우 지용성 비타민 결핍이 나타날 수 있다.

지방은 또 각종 스테로이드 호르몬 생성의 원료물질이기도 하다. 각종 스테로이드 호르몬은 콜레스테롤을 원료로 하여 체내에서 생성된다. 성호르몬 등이 그 예인데 이론적으로 콜레스테롤이 부족할 경우(그런 일은 생기기 어렵겠지만) 성기능 장애가 올 수도 있다. 뿐만 아니라 지방은 세포막을 구성하고 각종 신경계를 구성하는 물질이기도 하다.

식품의 풍미flavor와 조직감texture에도 큰 기여를 하여 지방이 없는 식품은 맛이 현격히 떨어진다. 기름을 거의 제거한 수육을 먹어본 사람은 퍽퍽하여 조금만 먹어도 곧 질린 경험이 있을 것이다. 지방을 구성하는 구성 지방산의 종류에 따라 각종 지방은 다양한 특성을 나타내는데 지방의 유동성, 가소성plasticity, 거품성 등은 식품을 가공할 때 많이 이용하는 특성들이다.

서구의 경우 총 에너지의 35-40% 정도를 지방을 통해 얻고 있다. 그러나 지방의 과다섭취는 심장질환, 비만, 당뇨, 암(예로 유방암은 고지방식과 직접적인 연관성이 있음) 등과 관련이 있다. 지방의 섭취는 낮추되 그 기능성은 살릴 필요가 있다. 그러나 지방을 전혀 먹지 않는 것도 바람직한 것은 아니다. 지방섭취는 전체열량의 15-25% 정도가 적합하다고 한다. 그러나 성장기의 어린이/청소년, 그리고 임신·수유기의 임산부는 지방섭취를 높이고 노인은 섭취량을 줄이는 것이 좋을 것이다.

지방은 어떤 물질인가

지질은 글리세롤glycerol과 지방산을 기본으로 한다.

그림 2는 불포화지방산 세 개가 글리세롤 1분자에 붙어 있는 모습이다. 일반인이 지방에 대해 더 깊이 알 필요가 있을까 싶겠지만 좋은 식품을 골라 먹기 위해서는 기본적인 지식이 필요하다고 생각되어 간단히 소개한다.

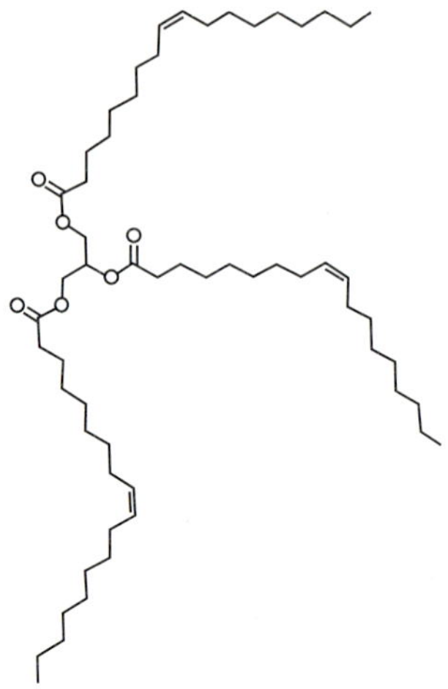

[그림 2]

글리세롤은 탄소 세 개의 조그만 분자로 우리 몸에서 포도당으로부터 만들 수 있다. 모든 유기물은 구성원소로 탄소를 가지는 데 각 분자가 가진 에너지, 즉 칼로리는 탄소수에 비례해서 증가한다고 보면 된다. 그 이유는 우리 몸에서 분해되어 에너지로 바뀔 때 탄소 하나하나가 탄산가스로 바뀌면서 에너지로 전환되기 때문이다. 대부분의 중성지방은 이 글리세롤에 지방산이 붙어 완성된다. 지방산이 하나만 붙은 것, 두 개가 붙은 것, 셋이 붙은 것이 있으나 일반적으로 셋 다 붙어 있다. 그림 2는 글리세롤에 지방산 셋이 붙어 있는 모습이다.

지방산의 길이에 따라 체내 흡수율은 차이가 있다. 일반적으로 길이가 짧은 지방산은 흡수가 빠르고 길이가 긴 지방산은 흡수율이 낮다. 길이가 긴 지방산의 경우 보통 각각 16-18개 정도의 탄소를 가지고 있으므로 16개짜리 탄소로 된 지방산 셋을 가진 보통의 지방은 51(3 + 16×3 = 51)개의 탄소를 가지고 있다. 포도당 한 분자가 6개의 탄소를 가지고 있으니 분자끼리 비교를 한다면 지방 한 분자가 완전히 연소된다면 대략 포도당 8.5개 정도의 에너지를 가지고 있다고 보면 된다. 물론 이것은 지방이 포도당보다 훨씬 크기 때문인데 완전히 분해된다는 가정하에서다. 길이가 긴 지방산은 카르니틴이라는 분자와 결합하지 않으면 분해가 안 된다. 이 경우 완전 분해되지 않고 대사 중간물질로 사용되기도 한다.

이런 중성지방 외에도 인이 붙어 있는 인지질, 당이 붙어 있는 당지질 등이 있고 이들이 세포막을 구성하고 뇌, 신경조직 등의 구성에도 중요하나 양적인 면에서 보면 미미한 양이다.

지방은 또 단백질과 결합하여 지단백lipotrotein의 형태로도 존재한다. 지단백은 체내에서 지질의 운반체 역할을 한다.

일단 우리가 음식으로 지방을 섭취하면 창자의 점막세포에서 담즙산에 의해 유화乳化작용이 일어난다. 이 유화작용은 지방이 흡수되기 위해 매우 중요한데 유화가 되어야만 지방분해효소lipase의 작용을 받을 수 있기 때문이다. 유화되지 않으면 지방과 물은 섞이지 못하므로 우리 몸이 지방을 흡수할 수 없다. 췌장에서 분비된 지방분해효소가

지방으로부터 지방산을 잘라내어 글리세롤과 지방산의 형태로 만들어 주면 지방산은 작은창자의 점막세포에 흡수된 후 지단백과 결합하여 림프관, 혈관, 간으로 이동한다.

지단백은 밀도에 따라 HDLhigh density lipoprotein, LDLlow density lipoprotein 등으로 나누어지는데 HDL이 말단조직에서 간으로 콜레스테롤을 운반(말단조직의 콜레스테롤은 줄어든다)하는 반면 LDL은 간과 작은창자로부터 필요한 말단조직으로 콜레스테롤을 운반(말단조직의 콜레스테롤치가 올라간다)해주는 역할을 한다. 그래서 편하게 HDL은 좋은 콜레스테롤, LDL은 나쁜 콜레스테롤이라고 하나 사실은 둘 다 우리 몸에 필요하다. 좋은 콜레스테롤, 나쁜 콜레스테롤로 구분지어 부르는 것은 별로 적합한 설명은 아닌 것 같다.

우리가 섭취한 지방은 어떻게 이용되나

우리가 기름기 많은 음식을 먹었다고 하자. 지방이 분해되면 어떻게 될까? 지방은 분해되면 글리세롤 한 분자와 지방산 3분자로 바뀐다.

글리세롤은 몇 단계를 거쳐 해당과정(앞서 포도당에서 설명했음)으로 들어가거나 포도당 공급이 되지 않는 단식 등의 상황에서 포도당을 합성하는데 사용될 수 있다.

지방산은 완전 분해된다고 가정하면 모두가 아세틸코엔자임A로 바뀐다

(아세틸코엔자임A에 대해서는 포도당 부분 설명 참조). 따라서 이 아세틸코엔자임 A는 포도당의 분해와 마찬가지로 ATP라는 에너지와 탄산가스와 물로 분해될 수도 있고 필요할 경우 케톤체로 바뀌거나 콜레스테롤 합성의 원료가 될 수도 있다. 이후의 설명은 포도당의 경우와 같다(그림 1 참조).

콜레스테롤과 식물성 스테롤

우리 몸 전체 콜레스테롤의 양은 보통 성인이 약 100그램 정도이다. 이중 약 40그램 정도가 뇌와 신경조직에, 10그램 정도가 혈액에, 5그램 정도가 간에 그리고 나머지 45그램 정도가 여러 장기에 분산되어 있다고 보면 된다.

성인의 정상 혈중 콜레스테롤은 혈액 100cc당 약 200밀리그램(1밀리그램은 1/1,000그램임) 정도되고 혈액이 약 5리터 정도되므로 혈액에는 약 10그램 정도의 콜레스테롤이 존재하게 된다.

개인차가 있겠지만 우리가 보통 식사를 통해 섭취하는 콜레스테롤의 양은 하루에 약 0.3-0.5그램(평균 0.4그램 정도)이고 하루에 약 1.2그램 정도가 교체되는데 자체생산은 1일 약 0.8그램 정도이다. 하루 필요량의 약 2/3가 우리 몸에서 만들어진다는 것이다. 언제 만들어질까? 주로 많이 만들어지는 시간은 우리가 잠을 잘 때라고 한다. 콜레스테롤은 피부, 부신, 생식샘, 뇌, 창자 등 대부분의 조직에서 합성이 가능하나 간에서 생산하는 양이 전체의 약 10-20%를 생산한다. 이중 혈중 콜레스테롤은 대부분 간과 창자에서 탄수화물, 지방과 단백질이 분해될 때 중간물질로 생성되는 아세틸코엔자임A를 원료로 해서 만든 것이다.

우리 몸의 조절기능이 제대로 작동하는 젊은 시절에는 섭취한 콜레스테롤이 많을 경우 콜레스테롤 합성이 자동적으로 감소하고 과량의 콜레스테롤이 체내에 존재하면 이를 담즙산으로 전환시켜(담즙산 1리터 당 약 1그램) 대변으로 배출해 주므로 콜레스테롤이 많은 음식을 섭취하더라도 어느 정도 조절이 가능하지만 고령화되면 이 같은 조절이 잘 되지 않는다. 따라서 연령이 올라갈수록 콜레스테롤이 많은 음식을 자제해야 한다.

그럼에도 불구하고 콜레스테롤의 경우는 몸에서 만들어지는 양이 약 2/3이므로 유전적으로 많이 만들어내는 경우는 식품으로 조절이 어렵다.

콜레스테롤은 스테롤sterol로 분류되는 많은 분자들 중 하나이다. 콜레스테롤은 동물에만 존재하므로 **식물성 기름에는 콜레스테롤이 없다.** 따라서 식물성 기름을 사용할 경우 콜레스테롤 함량은 0이 된다. 콩기름 등 각종 식물성 기름의 선전에 무콜레스테롤이란 문구는 과장 선전이 아닌 것이다. 하지만 식물에는 콜레스테롤은 없지만 이와 유사한 식물성 스테롤들이 있다.

식물성 스테롤에 관한 연구는 1950년대부터 시작되었다. 동물성 콜레스테롤과 구조가 유사하지만 함께 섭취할 경우 콜레스테롤의 장내 흡수를 방해하므로 콜레스테롤 수치가 높은 사람에게 유익할 수 있다고 판단되어 현재는 마가린, 식용유, 샐러드 드레싱 등의 제품에 식물성 스테롤을 일부러 첨가한다.

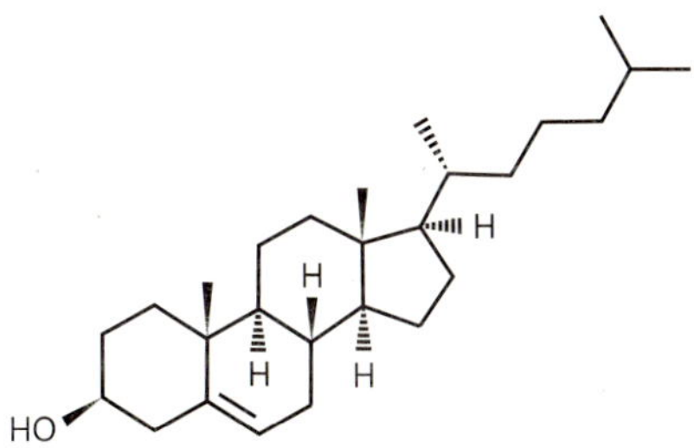

콜레스테롤

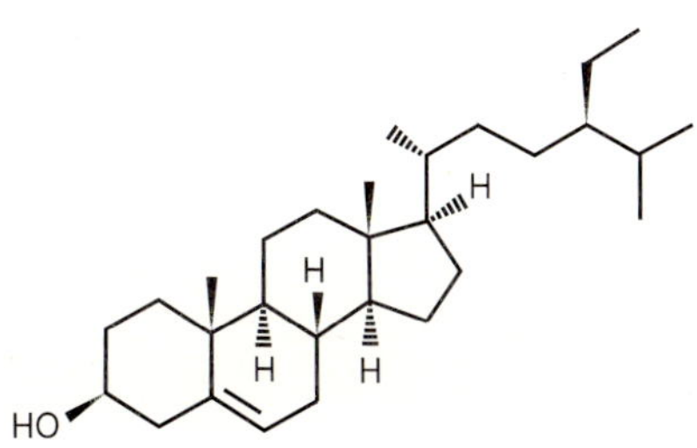

식물성 스테롤

[그림 3]

일부 사람은 설사 등을 경험하기도 하지만 일반적으로 부작용이 없으므로 미국과 유럽에서는 안전한 첨가물로 인정받고 있다. 존슨앤존슨Johnson & Johnson이라는 회사의 Benecol, 립톤Lipton이라는 회사의 Take control 등의 제품이 식물성 스테롤을 상품화한 것이다. 국내에서도 유진사이언스의 콜제로 등의 제품이 기능성 식품으로 출시된 바 있다. 문제는 물에 잘 녹지 않아 식용유, 마가린 등을 제외하고는 제품군을 늘리기가 어렵다는 점이다.

포화지방산과 불포화지방산

식품이 우리 몸에서 어떻게 작용할 지를 이해하고자 할 때 어려움을 겪는 이유는 많은 용어와 이와 관련된 화학 지식이 뒤섞여 혼란스럽게 하기 때문일 것이다. 그럼에도 일부 용어는 이해해 두면 다른 식품을 이해하기가 쉬우므로 알아 둘 필요가 있다.

지방을 구성하는 것은 글리세롤 한 분자와 세 개의 지방산이라고 앞서 설명하였다. 각 지방의 특성은 어떤 지방산이 글리세롤에 결합되어 있냐에 달려있다. 이 지방산들이 포화지방산이면 포화지방산에 맞는 특성을, 불포화지방산이면 불포화지방산에 맞는 특성을 갖게 된다. 예로 초콜릿의 경우 초콜릿의 지방을 구성하는 지방산의 특성 때문에 실온에서는 딱딱한 고체로 있다가 입안에서는 부드럽게 녹는다.

일반적으로 자연에 존재하는 지방산은 짝수의 탄소수를 가지는데 이 분자의 양쪽 끝은 생긴 모양이 다르다. 한쪽 부분을 알파말단, 다른 쪽 부분을 오메가 말단이라고 부르는데, 알파말단과 오메가 말단의 사이에 들어있는 부분에 수소가 들어갈 여지가 있으면 불포화지방산이라 부르고, 이 부분이 모두 포화되어 수소가 들어갈 여지가 없으면 포화지방산이라고 부른다. 즉 포화란 수소가 첨가될 수 있는 부분이 꽉 차서 수소가 더 이상 들어갈 자리가 없다는 의미이다.

지방산이 포화가 되면 구조가 규칙적이므로 몸에 차곡차곡 쌓는 것이 가능해진다. 즉 단위 공간에 많은 분자를 쌓을 수가 있다. 그러나 불포화지방산은 모양이 돌출 또는 구부러져 있어 같은 공간에 많은 분자가 들어가기 어렵다.

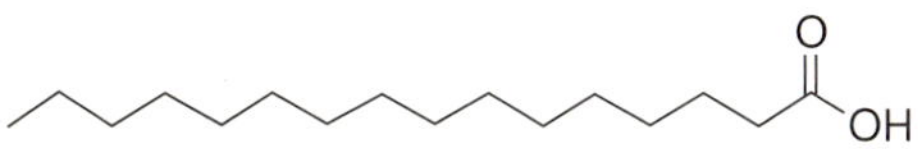

포화지방산의 예(palmitic acid)

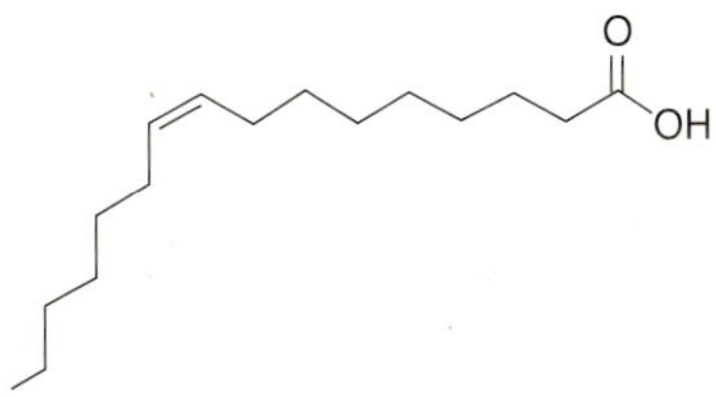

불포화지방산의 예(pamlitoleic acid)

[그림 4]

이는 유동성의 차이로 나타나 불포화지방산은 식물성 기름처럼 실온에서 액체인 기름에 많은 반면 포화지방산은 동물성 지방에 많은데 유동성이 나빠 실온에서 고체인 굳기름의 형태가 되기 쉽다.

포화지방은 산화가 잘 되지 않는 반면 불포화지방은 쉽게 산패酸敗된다.

포화지방산과 질병과의 관련성

서구에서 포화지방산의 비율이 높은 음식을 즐기는 사람이 그렇지 않은 사람보다 덜 건강하다고 믿기 시작한 것은 대략 1950년대부터이다. 포화지방산을 많이 섭취할 경우 심혈관 계통의 질환이 증가되므로 섭취를 줄여야 한다고 WHO, FDA 등을 비롯한 미국, 영국, 캐나다, 유럽 등의 여러 보건기구에서 권고한 바 있다(이 부분조차도 일부 상반된 연구 결과도 있다).

또 포화지방산이 직장암 및 전립선암과 직접적 연관성이 있다는 보고도 있다. 유방암, 난소암과의 연관성이 있다는 보고도 있으나 이는 다소 상반된 보고도 있어 이는 더 지켜보아야 할 것 같다.

최근에는 포화지방을 줄이라고 지적하는 것보다 건강에 좋은 지방(예로 오메가3 지방산이 풍부한 생선 등)과 정제되지 않은 탄수화물(예로 잡곡이나 현미 등)의 소비를 늘리라고 조언해야 한다는 의견도 있다.

몸에 좋은 음식과 나쁜 음식을 구분하기가 참으로 쉽지 않다. 그럼에도 불구하고 포화지방이 좋지 않다는 견해에는 어느 정도 합의가 이루어져 있다.

일반적으로 불포화지방산이 유동성이 좋아 포화지방산에 비해 건강에 더 나은 것으로 알려져 있다. 불포화지방이 많은 식품으로는 견과류와 식물성기름, 아보카도 등이다.

그러나 여기서 오해하지 말아야 할 것은 **육식이라고 해서 포화지방만 들어 있고 식물성 기름이라고 불포화지방만 들어 있다고 착각**하는 일이다. 사실 **모든 식품에는 포화지방과 불포화지방이 함께 들어 있으며 단지 비율의 차이**일 뿐으로 육류에도 불포화지방이 상당하고 식물성 기름에도 포화지방이 상당히 많이 들어 있다. 예로 콩기름의 경우 포화지방 14%, 불포화 지방 86%인데 비해 돼지기름은 포화지방 39%, 불포화지방 56% 정도이다.

미국 FDA는 하루에 섭취하는 포화지방의 열량이 하루 섭취하는 총열량의 30%를 넘어서는 안 된다고 권한다. **불포화지방 또한 지방이므로 많이 먹을 경우 콜레스테롤 수치가 높아지고 동맥경화에 걸리기 쉽기는 마찬가지이다.**

최근 동물을 대상으로 한 것이기는 하지만 과량의 다가 불포화지방산(이중결합이 여러 개 있는 것; 예로 오메가6 지방산 등)을 장기투여할 경우 암 발생을 높이고 노화를 촉진하며 비타민 E의 흡수를 떨어뜨린다는 보고도 있다.

따라서 **식물성 기름이라고 많이 먹는 것은 몸에 좋을 게 없다. 따라서다가 불포화지방산의 필수성에도 불구하고 총열량의 10% 이내를 권장하고 있다.**

불포화지방이 몸에 좋다고 이를 위주로 먹어서는 안 된다. 모든 음식을 골고루 적당량을 먹자. 또 불포화도가 높은 지방을 보관할 경우에는 산소에 쉽게 공격을 받으므로 불포화도가 높은 지방이 산패가 더 쉽게 일어날 수 있다. 사실 **산패된 지방은 포화지방보다 건강에 더 나쁘다.**

필수지방산

필수지방산은 생체에 꼭 필요함에도 불구하고 체내에서 합성되지 않으므로 반드시 식품으로 섭취해야만 하는 지방산이다. 리놀렌산linoleic acid, 리놀레산linolenic acid, 아라치돈산arachidonic acid 등이 대표적으로 식물성 기름에 많이 함유되어 있다.

총 섭취 열량의 1-2% 정도면 충분하므로 부족증이 올 가능성은 많지 않지만 부족할 경우 성장장애, 습진성 피부염, 생식기능 장애, 호흡기계 장애, 탈색소 등을 겪을 수 있다.

건강에 좋다는 동물의 기름

최근 우연히 방송을 보니 희귀동물의 기름을 매일 먹고 각종 질병이 나았다는 등의 황당한 스토리가 방영되고 있었다. 굶는 것이 다반사였던 옛날이라면 모를까 지금도 그런 스토리가 사람의 관심을 끌고 있다는 것이 잘 이해가 되지 않는다. 곰기름을 구할 수 있을지 모르겠지만 아무튼 몸에 좋다고 하자. 매일 한 숟가락씩 식사 외에 추가로 먹는다면 어떻게 될까? 비만, 고지혈증이 오는 것은 너무나 당연한 일 아닌가? 아무리 몸에 좋은 기름도 기름은 기름일 뿐이다. 오메가3 지방산이 많은 기름도 마찬가지다. 기름은 기름 아닌가?

오메가3 지방산은 정말 몸에 좋은가

오메가3 지방산이 건강에 도움이 된다고 주목을 받은 것은 1980년대 이후의 일이다. 오메가3 지방산이란 오메가ω 말단(즉 지방산의 메틸기가 있는 쪽 말단)에서 세었을 때 세 번째 탄소에 처음으로 불포화 상태(수소를 첨가할 수 있는 상태)인 이중결합이 나타나는 지방산이라는 의미이다.

우리가 가장 흔하게 많이 접하는 오메가3 지방산으로는 DHAdocosa

hexaenoic acid가 있다. DHA는 신경강막이나 뇌세포 등 우리 몸의 일부를 구성하는 성분이면서 우리가 자체 합성하지 못하므로 일종의 필수지방산이라고 할 수 있다. 일반적으로 담수와 해수에 서식하는 식물성 플랑크톤 및 해조류가 생합성한다. 어패류는 자체 합성하지 못 하지만 DHA가 함유된 식물을 섭취하여 DHA를 체내에 축적하고 있다. 각종 수산물 특히 등푸른 생선인 명태, 참돔, 고등어, 갈치, 꽁치, 연어 등과 견과류, 들기름 등에도 많이 함유되어 있다.

최근까지 DHA를 포함한 오메가3 지방산은 혈관 수축을 방지하고 염증을 예방하며 LDL 수준을 낮추고 혈전 생성도 방지 한다고 알려져 왔다. 그동안 좋은 점만 많이 부각되어 닭고기, 돼지고기, 우유, 계란 등에 DHA가 많이 함유된 제품들이 개발되어 있으나 **현재는 대부분의 기능이 많은 논란 속에 있다.** 여기서는 유익하다고 알려진 점들과 논란이 되고 있는 부분들에 대해 간단히 소개하고자 한다.

우선 오메가3 지방산의 암 억제효과는 초기에 유방암, 전립선암 등에 효과가 있다고 알려졌으나 최근 아무 연관성이 없다는 보고가 다수 있어 논란 중이다.

심혈관계 질환에 대해서도 과거에 알려진 바와는 달리 심장병 발작을 낮춰주는 것과는 무관한 것으로 보이며 오히려 많이 섭취할 경우 LDL 수치를 최고 46%까지 높인다는 보고도 있다. 그러나 정제된 **오메가3 지방산과는 달리 생선기름 자체는 적당량 섭취할 경우 HDL을 증가시**

키고 심장병을 예방한다는 긍정적인 보고가 많다.

염증을 완화한다고 알려져 류마티스 관절염에 도움이 된다고 알려졌으나 이 또한 불확실하다.

ADHD 등 발달장애, 뇌의 발달, 신경전달, 치매 등에 도움이 된다는 보고가 있으나 아직 결론에 도달하기엔 이르다.

나열하고 보니 도움되는 것이 별로 없다. 일일 권장량은 0.5-2그램이고 하루에 3그램까지는 안전한 것으로 보이나 고지혈증인 사람은 섭취를 피해야하고 건강한 사람이라 하더라도 오메가3 지방을 과량 섭취하면 심장병 위험을 오히려 높일 수도 있다고 하니 주의가 필요하다. 오메가3 지방도 지방이므로 과잉섭취는 혈중 콜레스테롤을 높이게 된다. 참치 등의 경우 전체 먹이사슬의 위쪽에 위치하므로 최근 납, 수은, 카드뮴 등의 중금속 함량이 높을 가능성도 제기되어 주의가 필요하다.

오메가6 지방산의 대표적인 것이 아라키돈산arachidonic acid이다. 이 물질은 프로스타그란딘prostaglandin 등의 생리적 활성이 있는 물질을 만들어내는 원료가 된다.

오메가6 지방산의 또 다른 예로 감마리놀레산γ-linolenic acid이 있다. 한때 감마리놀레산은 프로스타그란딘의 전구물질로 염증과 자가면역치료에 효과가 있다고 과대 광고된 적이 있으나 최근에는 세포파괴를 촉진하고 노화를 앞당긴다는 보고까지 있어 이 또한 논란 중이다.

최근 영양학자들은 오메가3 지방산의 섭취가 강조되면서 식물성 기름에 오메가3 지방산과 함께 다량 함유된 오메가6 지방산의 과량섭취를 오히려 우려해왔다. 일반적 권고안은 오메가6/오메가3의 비율이 4-10의 범위를 넘지 않게 섭취하는 것이다.

일반적인 서구식 식단은 오메가3에 대한 오메가6 지방산의 비율이 약 15배 정도 된다고 한다. 류마티스 환자의 경우 이 비율을 2-3으로 낮추었을 때 효과를 보았다는 보고가 있다. 오메가6 지방산이 지속적으로 높으면 염증과 암 발생 가능성이 높아진다고 한다. 대부분의 식물성 기름에서 많이 발견되는 산패된 불포화지방은 특히 갱년기 여성의 경우 유방암 발생을 높인다는 보고도 있다. 사람에게서는 확인하지 못했으나 쥐를 이용한 실험에서는 전립선암의 증가가 관찰된 바 있다.

오메가6 지방은 대부분의 식물성 기름에 많이 있고 특히 참기름에 많이 들어 있다. 오메가6 지방에 비해 오메가3 지방의 비율이 높아 건강에 도움이 될 것으로 예상되는 최고의 기름은 들기름(비율 1 이하)이나 그렇다고 들기름만 많이 먹을 수도 없는 노릇이다.

몇 가지 식물성 기름에 대해 오메가6/오메가3 비율을 살펴보면 최악의 기름은 옥수수기름(비율 138)과 참기름(비율 105)이고 콩기름(비율 8)은 우수하다. 참고로 올리브기름은 이 비율이 약 13 정도 된다. 오메가6/오메가3 비율이 낮을수록 좋은 기름이라는 기준에서 보면 올리브기름은 콩기름보다 못하다.

이 비율이 좋은 기름이라 하더라도 일반적으로 식물성 기름들은 불포화도가 높으므로 공기 중의 산소에 노출되어 산패되기 쉽다. 조그만 병을 구입하여 일단 개봉하면 산패되기 전에 빨리 사용하는 것이 최선이다.

우리나라의 경우 최근 일본 후쿠시마 원전 사태로 인해 수산물의 소비가 많이 줄었으나 다른 나라에 비해 수산물의 소비가 여전히 많은 편이다. 따라서 필자는 굳이 정제된 알약(이는 대부분 연어 기름이겠지만) 형태의 오메가3 지방을 먹을 필요가 있을지 의문스럽게 생각하고 있다. 그냥 각종 식품을 골고루 먹으면 그것으로 충분하다.

트랜스지방

불포화지방산의 이중결합에 니켈을 촉매로 하여 화학적으로 수소를 첨가시키면 이중결합이 단일결합으로 바뀌면서 포화지방산이 된다. 이를 수소화hydrogenation 또는 경화hardening라고 한다. 이는 수소를 첨가했다는 의미와 액체기름이 고체지방으로 딱딱하게 바뀌었다는 의미를 포함한다.

기름을 수소화한 최초의 특허는 1903년 W. Normann에 의한 것이다. 1906년 영국회사 Joseph Crossfield가 이 특허를 구입해서 고래기름에 처음 적용해 보았고 1909년 미국의 Procter and Gamble사가 Crossfield로부터 다시 특허를 사서 면실유에 본격적인 수소화를 시도하여 세계 최초의 경화유인 Crisco를 만들어냈다. 이들이 수소화를 행한 이유는 액체기름을 수소화함으로써 포화시켜 고체유지의 함량을 높이면 산화안정성이 높아져 보존성이 좋아질 것이라고 생각했기 때문이다. 즉 유지의 산패酸敗를 지연시키기 위한 목적이었다.

식물성 기름에 함유된 지방산들은 일반적으로 이중결합이 여러 개 있는 불포화지방산의 비율이 높다. 이 불포화지방산들이 수소화 과정에서 완전히 수소화되었다면 모두 포화지방산으로 바뀌었을 것이다. 그러나 수소화의 정도에 따라 고체화의 정도가 달라지므로 여러 중간 단계의 불포화지방을 만들 수 있었고 이 기술을 이용해서 버터 대용품인 마가린과 과자 등의 제조에 많이 이용되는 쇼트닝 등을 만들 수 있게 되었다.

버터는 원래 우유지방을 교반churning시켜 만든 것으로 유지방이 80% 이상을 차지하는 지방덩어리 식품이다. 그러나 우유에서 유지방은 전체 우유의 3.2-3.4%(고형성분 중에는 약 30%)에 불과하므로 과거에는 가격이 너무 비싸 일반 서민들은 먹기 힘든 음식이었다. 그러나 경화기술이 개발되면서 버터의 대체품인 마가린을 싸게 생산할 수 있게 되었다. 경화시킨 기름과 우유, 물 등을 함께 섞어 유화시키고 발효우유, 소금, 유화제, 산화방지제, 향료, 착색제, 비타민 A 등을 첨가하여 만드는 이 인조버터는 경화정도를 조절함으로써 계절에 따라 녹는점까지 조절할 수 있어 이제 우리는 겨울철에도 냉장고에서 바로 꺼낸 마가린을 빵에 부드럽게 발라 먹을 수도 있고 더운 여름에는 딱딱한 마가린을 빵에 얹어 먹을 수도 있게 되었다. 마가린의 색깔도 자유롭게 조절할 수 있게 되어 우리의 삶이 한결 풍요해진 듯했다. 그러나 문제는 **경화과정에서 자연에 존재하지 않는 트랜스trans 지방이 생기게 된다**는 것이다.

반추동물의 체지방에는 자연적으로 생긴 천연 트랜스지방이 2-5% 정도 존재한다. 따라서 옛날에는 우리가 인식하지 못한 채 천연 트랜스지방을 먹었을 가능성이 있다. 그러나 오늘날 현대인이 섭취하는 대부분의 트랜스지방은 식물성 기름을 인위적으로 경화하는 과정에서 생긴 것이다.

자연에 존재하는 트랜스지방의 유해성 여부에 대해서는 해롭지 않다는 주장도 있으나(자연에 존재하는 것이 최고라는 믿음?) 경화 중에 생긴 트랜스지방과 비슷하게 해롭다는 주장도 있어 논란 중이다. 경화유가 생기기 전에는 자연에 존재하는 트랜스지방을 우리가 섭취한다 해도 극히 미량이었을 것이다. 현재는 경화 중 생기는 트랜스지방의 양이 너무 많다는 데 문제가 있다.

옥수수기름의 경우 원래 약 6% 정도가 포화지방이나 경화시켜 마가린을 만들 경우 포화지방 농도가 약 17% 정도로 올라가고 불포화지방도 약 1/3 정도는 자연에 존재하는 시스cis 형태에서 트랜스trans 형태로 바뀐다고 한다.

트랜스지방은 혈액에서 HDL은 낮추고 LDL은 높이는 것으로 알려졌다. 이는 심장병, 뇌졸중, 동맥경화 등을 높이고 면역력도 떨어뜨린다는 보고가 있다. 이 같은 가능성은 1950년대에 이미 제기된 바 있으나 수십 년간 묵살되었다. 세포막에 트랜스지방이 끼어들어가면서 혈관에 염증을 유발할 수도 있다. 뇌세포의 두뇌활동을 저하시키고 만성 피로군, 암 발생, 인슐린저항성, 당뇨 등에 영향을 준다는 예상도 있으나 아직 논란 중이다.

그러면 어떤 음식에 트랜스지방이 많이 들어 있을까? 패스트푸드점의 감자튀김은 쇼트닝이 사용되었을 가능성이 크다. 그 이유는 트랜스지방이 튀김자체를 바삭하게 해주고 상온에서 산패가 덜 일어나므로 업체들이 선호하기 때문이다. **가능한 패스트푸드점의 감자튀김은 피하자.**

그러나 패스트푸드점의 감자튀김에 함유된 트랜스지방의 함량은 같은 브랜드라 하더라도 나라마다 다소 차이가 있다고 한다. 그 이유는 각 나라의 사정상 선호하는 기름의 종류가 다르기 때문이다. 트랜스지방은 전자레인지용 팝콘에는 100그램당 약 9.7그램이나 들어 있고 감자튀김에는 100그램당 약 6.8그램이나 된다. 쇼트닝이 첨가된 기름으로 튀긴 치킨과 호떡, 도넛, 이상하게 바삭바삭한 음식, 스낵류 등은 모두 트랜스지방이 높을 것이라고 의심해 볼 필요가 있다.

WHO는 1일 섭취량 중 트랜스지방에 의한 열량이 1%를 넘어서는 안 된다고 경고한다. 이는 20-49세의 성인여성의 경우 하루 2,000칼로리를 기준으로 한다면 트랜스지방을 2.2g 이하로 제한해야 함을 의미한다. 대략 크로아상 1/2개, 마가린 바른 토스트 1장에 해당하는 양이다. 생각보다 트랜스지방의 양이 많아서 놀랐을 것이다. 그러니 가공식품을 사 먹을 때도 반드시 트랜스지방 함량을 확인하면서 섭취하기를 권한다.

이를 위해 식품포장용기의 정보를 잘 읽을 필요가 있다. 그러나 트랜스지방이 없다고 표시된 식품이라 하더라도 100그램당 0.2그램까지는 함유되어 있을 수도 있다. 왜냐하면 **우리나라의 식품표지법은 트랜스지방 0.2그램 미만은 0으로 표시**할 수 있기 때문이다. 자세한 것은 이 책 후반부의 식품표지 부분을 참고하기 바란다.

한 번 사용한 기름은 버리자

주부9단인 A씨는 무척 알뜰하고 가족에게 좋은 음식을 만들어 제공한다는 자부심이 대단하다. 튀김음식이 건강에 좋지 않을 것 같아 아예 식단에서 빼고 싶지만 가족들이 튀김을 워낙 좋아해 일주일에 한 번 정도는 어쩔 수 없이 튀김을 하는 편이다. 그래서 집에는 튀김용

도구도 따로 있다. 주로 콩기름을 이용하는데 기름의 양이 적을 경우 튀김이 기름에 푹 잠기는 맛이 없고 어차피 매주 튀김을 하는 편이라 아예 튀김 도구에 콩기름 1병을 한꺼번에 부어 놓고 세 번 정도 사용한 후 버리고(세 번만 사용한다고 안심하면서) 다시 새 기름을 부어 사용한다. A씨는 건강을 위해 잘하고 있는 것일까? 결론부터 말하면 크게 잘못하고 있는 것이다.

앞서 언급한 것처럼 식물성기름은 불포화 상태이므로 산소의 공격을 받아 산화되기 쉽다. 기름이 산화되어 상태가 나빠진 것을 산패되었다고 한다.

산패는 실온에서 산패되는 것과 고온에서 산패되는 두 가지가 있다. 일단 기름병의 뚜껑을 열고나서 고온에서 튀김을 할 경우 공기 중의 산소, 가열에 의한 고온, 식재료의 수분, 튀김 용기의 금속재질로부터 나온 금속이온의 촉매작용 등에 의해 산패가 쉽게 일어난다. 이때 미미하나마 약간의 트랜스지방이 생기기도 한다.

더 큰 문제는 이것을 사용한 후 상온에 방치할 때 일어난다. 일단 개봉하여 사용한 기름을 상온에 방치할 경우 공기 중의 산소, 수분, 햇빛, 공기 중의 미생물 등에 의해 산패가 일어나고 용기(예로 쇠솥 등)에서 나온 금속이온은 이를 촉진한다. 이때 알데히드, 케톤 등의 화합물이 생기고 이 때문에 시간이 많이 지나면 냄새가 나게 된다. 물론 약간 생긴 경우 우리는 인식하지 못한다.

산패되는 정도는 불포화도가 높은 기름을 사용할수록 더 잘 진행된다. 만약 세 번 정도 튀길 기름을 튀김용기에 채우고 한 번 튀긴 후 1주일 방치 후 또 튀기고, 또 1주일 방치 후 또 튀긴 후 버린다면 일부의 기름은 산패 외에도 기름끼리 중합반응까지 일어나 고분자화(또는 중합화)가 진행된다. 즉 끈적해지는 것인데 기름의 양이 많고 고온에서는 완전히 액화되므로 고분자화 되어도 잘 모르고 넘어가겠지만 사실 우리도 모르는 사이에 이를 먹게 된다. 중합화된 기름은 노화를 촉진한다.

가장 좋은 방법은 소량의 기름으로 한 번 튀기고 사용한 기름은 즉시 버리는 것이다. **튀김은 언제나 새 기름으로 해야 산패와 중합화와 트랜스지방으로 인한 폐해를 막을 수 있다.** 또 일단 개봉한 식용유는 언제 뚜껑을 개봉했는지를 따져 보고 개봉 후 너무 시간이 많이 경과한 경우는 가능한 사용하지 않도록 한다.

또 프라이팬에서 기름을 사용하여 조리한 후 바로 세척하지 않고 마치 기계에 기름칠하는 기분으로 두는 경우에도 산패된 기름은 만들어진다. 한 번 사용한 기름은 무조건 없애자. 사용한 기름을 재사용해서 만든 음식은 우리의 노화를 촉진시키고 수명을 단축시킨다.

지방의 산화를 막아주는 물질들

지방의 산화를 막아주는 물질을 항산화제 또는 산화방지제라고 한다. 자연적으로 존재하는 경우도 많으나 인공합성제를 사용하기도 한다.

자연에 존재하는 것으로는 각종 식물성 기름에 존재하는 토코페롤tocopherol과 면실유에 존재하는 고시폴gossypol, 참깨에 들어 있는 세시몰sesamol, 고추의 캡사이신capsaicin, 생강의 진저론gingerone, 양파에 존재하는 케르세틴quercetin, 강황의 쿠쿠민curcumin, 녹차 등에 많은 폴리페놀polyphenol, 마늘의 갈릭산gallic acid 등이 있다. 합성 항산화제로는 BHAbutylated hydroxyanisole과 BHTbutylated hydroxytoluene 등이 있다.

BHA와 BHT는 인공 산화방지제이다. 식용유, 버터, 쇼트닝, 어류냉동품 등의 포장지를 확인해보라. 반드시 표시되어 있을 것이다. BHA와 BHT는 최근 건강상 논란이 되고 있는 항산화물질이다. 따라서 이 같은 제품은 가능한 적게 먹는 것이 좋다.

올리브기름

사람들은 올리브기름을 몸에 좋은 기름이라 생각하고 다른 기름에 비해 많이 선호하는 것 같다. 크레타 섬에서 기원전 2,500년대 유물에서도 올리브기름을 압착하는 데 사용한 용기가 발굴되는 것을 보아 올리브기름의 역사는 거의 5,000년 정도 된다.

올리브기름의 품질은 수확시기에 따라 많이 다른 데 수확시기가 빠르면 기름의 수율이 낮고 색은 녹색을 띠고 약간 떫은맛이 있으나 산가가 낮은 반면 수확시기가 늦어지면 기름수율이 증가하고 황색을 띠면서 풍미와 향은 약해지고 산가가 높아진다.

올리브기름의 국제규격은 올리브기름의 지방산 중 가장 많은 비중을 차지하는 올레산oleic acid의 환산치인 산가로 분류한다. 산가가 2 미만인 것을 엑스트라버진Extra Virgin이라 하고 산가가 2 이상 4 미만이면 파인버진Fine Virgin, 산가가 4 이상 6 미만이면 세미파인버진Semifine Virgin이라고 더 자세히 분류한다. 일반적으로 산가가 높아지면 풍미가 나빠지고 질이 나쁜 것으로 판단하므로 정제해서 사용해야 한다.

올리브기름의 정제과정은 다음과 같다.

원료 → 분쇄 → 교반 → 압착 → 탈과즙 → 여과 → 버진 올리브기름

⇕ ⇕ → 조합 → 순수 올리브기름

용제추출 → 정제공정(탈산, 탈검, 탈취) → 정제 올리브기름

통상 슈퍼마켓에는 버진 올리브기름Virgin olive oil과 순수 올리브기름pure olive oil 두 가지가 판매된다. 건강을 위해 올리브기름을 선호한다 하더라도 가격을 생각하지 않을 수 없다. 버진 올리브기름이 순수 올리브기름보다 비싼 것은 당연하다.

올리브기름의 주된 지방산은 올레산이고 올리브기름이 LDL을 낮춘다는 보고도 있다. 올레산에 대한 대중의 긍정적 평가로 인해 최근 채종유, 해바라기유 등의 주 지방산을 올레산으로 바꾼 품종까지 개발되었다. 그러나 올레산이 특별히 건강에 좋다는 증거는 없고 올레산 역시 많은 지방산 중의 하나 일뿐이다. 사실은 올리브기름과 다른 기름을 차별화 하는 것은 기름 외 성분인 불검화물 때문이다.

올리브기름 특유의 풍미도 불검화물에 기인한 것이다. 우리가 비누를 만들 때 지방을 알칼리로 가수분해하여 만든다. 이때 유지가 지방산과 글리세롤로 나뉘고 바뀐 지방산은 알칼리염으로 다시 바뀌는데 이 알칼리염을 우리는 비누라고 부르고 비누를 만들지 못하고 남는 성분을 불검화물이라고 한다. 올리브기름 속의 불검화물에는 다양한 성분이 함유되어 있으나 그 중에도 폴리페놀polyphenol 성분이 산화안정성 등 긍정적 효과를 유발하는 것으로 추정하고 있다.

올리브기름 중에도 버진 올리브기름은 산화안정성이 높은데 이는 불검화물에 포함된 폴리페놀 성분 때문으로 보인다. 폴리페놀이라고 하니 어려워 보이나 녹차 등에서 쓰고 떫은맛을 내는 성분과 탄닌 성분 등이 폴리페놀류의 일종이다.

폴리페놀류는 저온에서 주로 효과를 발휘하므로 올리브기름을 이용하여 튀기거나 볶을 경우 폴리페놀이 파괴되어 올리브기름이 가진 산화안정성이 다른 기름과 마찬가지로 낮아지므로 버진 올리브기름을 사용하는 의미가 없다.

또 정제된 올리브기름에는 폴리페놀이 대부분 제거된 상태이므로 올리브기름의 장점은 이미 사라진 셈이다. 그럼에도 불구하고 올레산은 많으면서 불포화도가 높은 불포화지방산의 함량은 적으므로 다른 유지에 비해 산화안정성은 비교적 우수한 편이다.

올리브기름은 파스타 요리할 때 많이 이용하는데 올리브기름 자체의 독특한 풍미로 요리재료의 나쁜 냄새를 마스킹해 준다. 그러나 버진 올리브기름의 경우 가열로 인해 풍미가 바뀔 수 있으므로 가열을 필요로 하는 경우 버진 올리브기름보다는 순수 올리브기름을 사용하는 것이 좋고 비가열 요리에는 버진 올리브기름을 사용하는 것이 좋다.

올리브기름와 관련하여 지중해식 식생활이 관심을 끌고 있다. 지중해식 식생활이란 유지를 올리브기름과 채종유(유채씨에서 채취한 기름)로 한정하고 야채, 생선, 과일의 섭취를 늘리며 육류를 줄이되 가능한 닭고기 중심으로 섭취하는 것을 말하는데 심근경색 등 심혈관계 질환의 예방에 효과가 있다고 한다. 지중해식 식생활은 HDL 수준은 유지하면서 LDL 수준을 낮춘다고 하는데 올레산보다는 불검화물 속의 폴리페놀이 그런 역할을 할 것으로 추정된다.

초콜릿

발렌타인데이가 다가오면 초콜릿 판촉을 위한 각종 행사가 벌어진다. 초콜릿은 발렌타인데이에 가장 적합한 식품이다. 입안에서 부드러운 향과 맛을 내면서 딱딱하던 초콜릿은 어느 순간 녹아버린다.

발효한 뒤 볶은 카카오 콩의 배아와 껍질을 제거하고 나머지를 으깬 것을 카카오매스라 하고 이로부터 지방질만 뽑아낸 것을 코코아버터, 카카오매스로부터 코코아버터를 빼고 난 나머지를 분말화한 것을 코코아라고 한다.

초콜릿은 카카오매스에 코코아버터, 설탕, 우유 등을 섞어서 만든 것이다. 코코아버터는 섭씨 34℃ 정도되어야 녹으므로 상온에서는 고체 상태로 초콜릿의 형태를 유지시켜준다. 초콜릿은 일정 온도에서 고르게 녹을 수 있게 하는 작업tempering을 거쳐 완성된다. 초콜릿 속에는 탄닌 등 건강에 도움을 주는 성분도 많으나 그 기본은 역시 지방이다. 다이어트 중인 사람이 피해야 할 음식 중의 하나이다.

최근에는 콩기름을 이용하여 코코아버터의 양을 줄이거나 코코아버터가 아예 들어가지 않은 제품도 개발되어 있다. 이런 제품을 "준초콜릿"이라 하는데 엄연히 법적으로 허용된 제품이다. 카카오에서 뽑아낸 성분 중 코코아버터만 들어간 것을 화이트초콜릿이라 하고 콩기름으로 제조하되 초콜릿향을 첨가하여 만든 제품도 있다. 초콜릿은 성분을 잘 확인하고 구입하지 않으면 콩기름으로 만든 모조품을 먹을 수도 있다.

지방대체물질

대기업에 근무하는 김선생님은 최근의 건강검진에서 고지혈증이라는 진단을 받아 가능한 기름기 있는 음식은 피하고 싶다. 그래서 좋아하는 돼지고기 수육도 기름부위는 완전히 제거하고 살코기만으로 수육을 먹었더니 요즈음은 수육이 맛이 없다. 퍽퍽해서 몇 점 먹고 나면 더 이상 먹고 싶지 않다. 단지 기름부위만 제거했을 뿐인데 세상의 큰 낙을 하나 잃은 것 같다.

사실 식품이 제대로 된 맛, 향, 촉감을 유지하기 위해서는 지방은 필수적이다. 기름기 없는 밥, 고기, 빵, 나물, 우유, 생선 등을 상상해 보라. 식욕은 사람의 강렬한 욕구 중의 하나이지만 이 경우 김선생님처럼 많은 사람들이 식욕을 상실할 것으로 보인다. 이 때문에 인간은 우리가 원하는 맛과 향, 조직감은 감소시키지 않으면서도 식품에 함유된 유지 또는 지방질의 일부를 대체하여 적은 열량을 가진 소재를 개발하였다.

이 같은 소재를 유지대체물이라 하는데 이상적인 대체물은 유지가 갖는 맛과 향, 촉감은 유지하되 칼로리는 낮아야 할 것이다. 이 같이 유지를 대체하는 물질은 크게 두 가지가 있다. 하나는 주로 탄수화물과 단백질을 주성분으로 하면서 유지의 촉감과 형체감을 어느 정도는 대신하는 것이다. 다른 하나는 이화학적으로 중성지방과 유사하고 조리와 튀김을 해도 안정하여 기존의 유지와 1:1 대체가 가능한 인공지방(유지대체물)이다.

이 같은 대체지방을 일반인이 알아야 할 필요가 있을까? 또 이런 대체지방을 먹어도 안전한 것일까? 필자의 견해는 이런 대체지방들이 각종 가공식품의 첨가물 또는 천연기름 대신에 사용되고 있어 우리는 알게 모르게 먹을 수밖에 없으므로 당연히 알아야 한다고 생각한다. 가공식품 뒷면에 실제로 기재되어 있다. 다만 그것이 무엇인지 몰라 보고도 그냥 넘어갈 뿐이다. 대체로 대부분의 유지대체물은 천연지방과 유사하므로 부정적 견해가 적은 편이나 올레스트라(나중의 설명 참조)의 경우는 부정적 견해가 다소 있는 것 같다. 다음에 대표적인 몇 개만 간단히 소개해 본다.

유화제를 이용하면 지방의 양을 줄일 수 있어 식품가공에 사용되고 있다. 유화제란 유화상태를 유지해 주는 안정제로 주로 단백질과 지방 사이에 작용하여 물과 유지 사이에 평형을 유지해 준다. 유화제를 사용할 경우 케이크, 쿠키, 케이크믹스 등에서 유지의 사용을 약 50% 정도 줄여줄 수 있으나 쿠키처럼 수분이 낮은 제품에는 효과가 작다. 현재 제품으로 나와 있는 것으로 베이커리에 주로 사용되는 DATEM Di-Acetyl Tartarate Ester of Monoglyceride을 예로 들 수 있다.

간단히 말해서 글리세롤에 지방산 세 개가 붙어 있는 것이 진짜 지방이라면 DATEM은 지방산 한 개만 제대로 붙어 있고 나머지 두 개는 지방산 대신 주석산을 붙여 놓았다는 것이다. 때문에 상대적으로 칼로리가 적다.

DATEM은 강한 글루텐 그물망을 형성함으로써 반죽을 강화해 주고 탄성이 있으면서도 촉촉한 느낌을 주는 라이빵, 비스킷, 드레싱, 커피 화이터너coffee whiteners 등에 이용되나 어떻게 그것이 가능한 지에 대해서는 잘 알려진 바가 없다. 밀가루 중 0.375-0.5% 첨가되어 있고 주된 기능은 연화제softener이다. 미국에서는 더 이상 안전성 검사가 필요없는 안전한 물질, 즉 GRASGenerally Recognized As Safe로 인정된다(Code of Federal Regulations 21CFR 184.1101). 따라서 이물질의 안전성은 문제가 되지 않는다.

또 다른 지방대체물질로서의 유화제로는 레시틴이 있다. 레시틴은 콩기름에 많이 들어 있는 인지질이다. 레시틴은 지방산이 세 개가 아니라 두 개이고 나머지 한 개 지방산은 인산으로 바뀌어 있다. 따라서 보통 지방의 약 2/3 정도의 열량이 되겠다. 안전성면에서 문제가 없다.

탄수화물도 취급하기에 따라서는 지방과 유사한 특성을 보이므로 가공식품의 경우 지방의 양을 현격히 줄여 줄 수 있다. 변성전분, 베타글루칸, 식이섬유 등이 그 예다.

염산 또는 효소를 처리한 전분은 분자량이 작아지고 이 경우 원래의 전분과는 다소 물성이 다른 변성전분이 되는데 이 변성전분을 호화(물을 넣고 가열하여 결정이 완전히 깨진 상태)시키면 지방과 유사한 물성을 보이므로 지방의 양을 줄이기 위해 사용한다. 변성전분을 식품에 적용하면 제품 내 촉촉한 촉감을 준다. 염산을 처리하여 제조한 옥수수 전분을 첨가할 경우 쇼트닝과 비슷한 느낌을 주어 유지의 부분 대체가 가능하다. 또 고속으로 잘 저어주면서 이를 혼합하면 최종제품 내에 수분이 많이 함유되고, 베이커리에 사용할 경우 유통기간을 증가시켜주고 냉동과 해동을 반복하더라도 식품에 손상이 적다. 열량이 작으면서도 식품의 맛은 비슷하게 유지시켜 준다. 변성전분의 안전성은 문제가 없다.

탄수화물로 만든 유지대체제 중 가장 성공적인 것은 1990년 미 농무성의 조지 인그레트George Ingrett에 의해 개발된 오트림Oatrim이라고 할 수 있다. 오트림은 오트가루를 아밀라제α -amylase로 처리하여 베타글루칸과 아밀로덱스트린이 주성분인 상태로 바꾸어 놓은 것이다. 이 제품은 수분이 많은 식품에서도 유지를 100% 대체할 수 있어 유지방을 거의 제거한 무지방 우유에 적용하면 일반 우유와 비슷한 맛을 내게 할 수 있다.

열량은 1kcal/g 정도 밖에 되지 않으며(정상적인 유지의 약 1/9) 육제품, 샐러드 드레싱, 베이커리 등에서도 지방대체 효과가 뛰어나다.

게다가 혈중 콜레스테롤 저하 효과까지 있어 HDL 수치는 높여주고 LDL 수치는 낮춰주는 효과까지 있다고 한다. 오트림은 카푸치노, 에스페라소 밀크, 요구르트, 치즈, 크림 등에도 적용이 가능하다. 안전한 물질이라고 판단된다.

어느 날 무심코 먹는 감자칩이나 토틸라Tortilla 등의 맛이 과거에 먹던 것과 달리 다소 퍽퍽함을 느꼈다면 칼로리를 낮추기 위해 지방 대신 식이섬유를 사용한 것으로 보아도 된다.

펙틴, 알긴산, 한천, 카라기난(홍조류로부터 추출한 다당류), 잔탄검, 구아검, 셀룰로스 등은 물과 함께 콜로이드를 형성하는 특성이 있어 물을 포집하고 기름과 물에 대해 안정된 현탁액을 만들어 준다.

이를 사용할 경우 스낵제품의 지방함량을 0-1%로 줄일 수 있다고 한다. 보통 단독으로 사용하기보다 유화제와 함께 사용한다. 사용 예로는 아이스크림에 사용된 CMCcarboxy methyl cellulose와 CMC/카라기난을 함께 사용한 저지방 캐러멜 등이 있다.

단백질도 유화제 기능을 할 수 있으므로 지방대체가 가능하다. 단백질 중에도 훼이단백질whey protein(치즈 제조시 렌넷rennet을 이용하여 우유단백질 카제인casein을 가라앉혀 회수하고 남은 상층부의 액체를 훼이whey라고 하는 데 훼이에 가장 많이 들어 있는 단백질을 말함), 콩단백질, 계란 단백질 등이 사용된다.

이들 단백질을 미세입자의 형태가 되게 처리하면 칼로리를 낮추고 콜레스테롤이 없으면서 유지와 같은 조직감이 생기게 할 수 있다. 현재 브라우니, 머핀, 케이크 등에 지방대체물로 사용되나 고온처리를 할 경우 단백질이 변성되어 제 기능을 하지 못하므로 튀김제품에는 사용할 수 없는 단점이 있다. 천연단백질을 기본으로 하므로 안전에는 문제가 없다. 안심하고 먹자.

단백질을 기본으로 한 지방대체물질의 대표적인 예가 몬산토사의 자회사인 The Nutrasweet Co.에서 개발한 심플리즈Simplesse 제품이다. 미국 FDA의 승인을 얻었고 아이스크림, 냉동 디저트, 소스, 제빵, 피자 치즈 등에 사용 가능하다. 현재는 훼이로 만든 것에 한해 다른 제품에 적용 가능하며 그램당 3-4칼로리이다. 약하게 가열한 제품에는 사용가능하나 튀김 제품에는 사용할 수 없다. 심플리즈도 안전한 제품이다. 안심하고 먹자.

자연주의자들의 반감을 사는 지방대체물질로는 재합성지방(올레스트라, 살라트림, 카프레닌)이 있다.

먼저 올레스트라Olestra에 대해 알아보자. 1959년 미국 오하이오주 프록터 앤드 갬블 마이애미 유역proctor and Gamble Miami valley의 연구단지 내에서 생화학자들은 인체가 지방을 어떻게 흡수하는지에 대해 연구를 수행하고 있었다. 앞서 설명한 것처럼 보통의 경우 지방은 글리세롤 한 분자에 지방산이 3개씩 붙어있는 형태이나 이들의 관심사는 설탕 한 분자 당 지방산이 몇 개까지 붙을 수 있는가 하는 것이었다.

연구 수행 중에 그들은 설탕 한 분자 당 여덟 개의 지방산이 붙을 수 있으며 이 경우 몸통에 8개의 발이 달린 문어모양의 분자가 되며 이를 섭취할 경우 장벽을 통과하지 못하므로 인체에 흡수되지 않는다는 사실을 알아냈다.

1971년 그들은 이를 특허출원 신청을 했다. 콜레스테롤을 낮출 수 있으므로 의약품으로 허가를 받고자 시도하다가 도중에 생각을 바꿔 1987년 식품으로 신청했다. 그 이유는 식품으로 허가를 받을 경우 훨씬 경제성이 크기 때문이었다. 식품의 경우는 대량섭취 첨가물이므로 FDA는 방대한 자료를 요구하게 되었다. 그러자 그들은 전체 식품에 적용하고자 할 경우 허가에 어려움이 있을 것이라 판단하여 우선 스낵제품에 국한해서 신청했다. 1995년에는 쇼핑카트 12대 분에 해당하는 약 15만 페이지의 연구보고서를 제출하여 장장 25년만인 1996년 마침내 FDA의 승인을 받을 수 있었다. 이 제품이 바로 올레스트라이다. 그들이 제출한 보고서에는 항문누설현상, 지용성 비타민 결핍, 카로티노이드 결핍에 대한 우려가 있었다.

1996년 마침내 프리토레이사Frito-Lay에서 와우wow라는 상품명으로 올레스트라를 이용한 첫 감자칩이 출시되었다. 1998년부터는 미국 전역에서 판매되어 판매 첫해에 4억불 이상이 팔렸으나 이후 FDA가 건강에 나쁠 수도 있다는 경고 라벨을 강제로 붙이게 함으로써 2000년에는 판매량이 2억불로 줄었다. 판매가 진행되면서 복통, 항문 누설, 일부 지용성 비타민 흡수방해(비타민 A, D, E, K) 등이 보고되었으나 이후 제조법formulation을 바꾸어 항문누설 현상은 개선되었다. 2003년 FDA가 경고 라벨요구를 철회하자 Proctor & Gamble, 프리토레이 외 다른 회사들도 WOW라는 이름 대신 라이츠Lights라는 이름으로 신제품들을 출시했다. 현재 우리나라 제품들에도 프리토레이와 기술 제휴로 올레스트라를 이용한 감자칩 제품들이 판매되고 있다.

[그림 5] 올레스트라를 이용한 제품들

올레스트라는 맛과 입에서의 느낌이 일반 지방과 같으나 우리 몸이 이용하지 못하므로 칼로리가 없다. 설탕에 붙이는 지방산은 콩기름, 옥수수기름, 팜유, 코코넛 기름, 면실유 등으로부터 분리한 것이고 어느 유지를 사용했느냐에 따라 지방산의 구성과 불포화도에 차이가 있다. 지방산도 여덟 개를 다 붙일 수도 있고 필요에 따라 6-7개만 붙일 수도 있다.

올레스트라의 장점은 칼로리가 없으면서도 기존의 유지와 물성에 차이가 없어 현재의 유지와 쇼트닝 등을 100% 대체 가능하다는 점이다. 게다가 천연 지방보다 산화안정성은 더 좋은 편이다. 현재는 비타민 A, D, E, K 등을 첨가하여 스낵, 칩, 크리습(예로 바삭한 감자칩), 치즈펍(예로 치토스), 크랙카, 익스트루다extruder 제품에 한해 사용할 수 있다. 그러나 **자연식품 옹호주의자들은 올레스트라가 자연에 존재하지 않는 인공기름이라는 면에서 비판적이다.**

다음으로 살라트림Salatrim에 대해 알아보자. 살라트림은 무슨 주술문 같지만 Short And Long-chain Acyl TRIglyceride Molecule의 알파벳 첫 글자를 모아 만든 이름이다. 즉 길이가 긴 지방산과 짧은 지방산으로 된 중성지방이라는 뜻이다. 나비스코Nabisco에서 발명하여 1996년 화이자Pfizer와 공동으로 특허를 획득했다.
(http://www.inchem.org/documents/jecfa/jecmono/v50je08.htm#1.0).

일반적으로 칼로리는 지방산의 길이에 비례하는데 칼로리를 줄이기 위해 탄소수 16-22개 지방산(주로 탄소 18개짜리 스테아르산) 한 개와 탄소 2-4개짜리 지방산 두 개를 글리세롤 한 분자에 인위적으로 붙인 것이다. 대표적 제품으로는 코코아버터 대용제품인 benefat 1이 있다.

benefat 1은 콩기름에서 추출한 스테아르산stearic acid과 탄소 두 개짜리 지방산 한 개, 탄소 세 개짜리 지방산 한 개를 글리세롤에 붙인 것으로 초콜릿 제조에 사용시 템프링작업이 따로 필요가 없다. 촉감이 뛰어나고, 저장성이 좋아 캐러멜, 커피, 팝콘, 제과 등에 많이 사용되고 있다.

이와 유사한 Benefat 3은 길이가 짧은 지방산으로 탄소 네 개짜리 지방산을 사용하는데 상온에서 점도가 낮은 액상 형태이므로 냉동요거트, 머핀, 땅콩버터, 드레싱 등에 사용된다. 또 Benefat 1과 benefat 3을 조합하여 사용 시 쇼트닝을 대체할 수 있다. 이 두 제품은 매우 안전한 제품이므로 미국 FDA는 1994년 매우 안전한 제품GRAS으로 인정하여 사용을 허가하였다.

탄소 18개짜리 올레산은 장에서 일부만 흡수되므로 살라트림의 열량은 그램당 5칼로리에 불과하고 이는 탄수화물, 단백질과 유사한 열량 수준이다. 임상실험 결과 HDL, LDL에 대한 부작용도 없었고 비타민과 미량성분의 대사에도 영향이 없어 매우 안전한 유지로 분류되고 있다. 따라서 현재 초콜릿, 제과, 냉동 유제품, 유제품 등 다양한 제품에 많이 사용되고 있다. 올레스트라와 비교하면 천연 지방과 유사한 구조에 천연지방산을 원료로 하고 있으므로 안전한 물질이라고 판단된다. 안심하고 먹어도 된다.

마지막으로 카프레닌Caprenin을 살펴보자. 카프레닌은 살라트림과 매우 유사한 제품이다. 1992년 프록터 앤 갬블proctor & gamble사에 의해 코코아의 맛과 촉감을 재현하기 위해 시장에 나온 제품으로 글리세롤에 탄소 22개 지방산behenic acid과 우유에 많이 들어 있는 탄소 8개짜리 지방산caprylic acid, 10개짜리 지방산capric acid 등을 붙인 것이다. 열량은 그램 당 5칼로리 정도이고 Hershey사의 저칼로리 캔디 바와 Mars사의 Milky Way II 등이 카프레닌이 첨가된 제품이다. 살라트림과 마찬가지로 안전한 물질이라고 판단된다. 안심하고 먹어도 된다.

CHAPTER 05

비타민 관련

수용성 비타민

⋮

지용성 비타민

⋮

비타민 과다복용은 해로운가

오늘도 어김없이 탤런트 A씨는 아침을 먹자마자 종합비타민 한 알을 먹었다. 용량이 많으면 몸에 더 좋을 것 같아 요즈음은 큰 알약을 먹는다. 그 알약에는 각종 비타민 외에도 칼슘, 마그네슘 등 각종 미네랄까지 수십 종의 물질이 함께 들어 있어 A씨는 몸이 저절로 건강해지는 기분까지 들었다. 과연 그럴까?

비타민은 미량으로 현저하게 영양을 지배하는 유기화합물로 체내 생성이 안 되어 외부에서 섭취해야 하는 물질이다. 최근 건강을 생각해서 매일 비타민을 꼭 챙기는 사람이 늘어남에 따라 비타민 시장은 나날이 커지고 있다. 최근 비타민 시장은 연간 약 1,700억원 정도로 씨엔비(일화), 제노비타(제일제당), 비타800(조선무약), 비타천(동아제약), 비타500(광동제약) 등 다양한 제품이 출시되고 있다.

역사적으로 보면 비타민은 결핍증으로 인해 비타민의 필요성이 크게 부각되었다. 장기간 원양어선을 타야만 했던 선원들에게서 신선한 야채, 과일의 섭취 부족으로 인해 비타민 결핍증 등이 나타났다. 1912년 Funk는 생리활성 작용을 하는 질소화합물인 아민amine 물질, 즉 vitalic amine이라는 의미에서 vitamine이라 명명했다. 그 뒤의 연구는 비타민 중에는 아민이 아닌 것도 있다는 것을 알게 되어 vitamine에서 e를 빼고 vitamin이라 이름을 바꾸었다.

비타민은 생명을 유지하기 위해 미량이지만 꼭 필요한 물질이고 부족하면 심각한 건강상의 문제가 유발되므로 식품으로 반드시 섭취해야 할 물질로 인식되었다. 현재 알려진 비타민은 약 20종 정도되나 비타민들 간에 화학구조상의 유사성은 없다.

발견순서에 따라 A, B, C, D, E, K, P, G, H 등으로 구분되고 어떤 성분은 체내에 흡수되고 나서 비타민으로 바뀌는 것들(비타민 전구체)도 있다. 지용성 비타민 A는 동물성장, 피부점막, 야맹증, 안건조 등과 관련이 있고, 비타민 D는 골다공증 등의 뼈 건강과 관련이 있으며, 비타민 E는 생식, 항산화 등과 관련이 있고, 비타민 K는 혈액응고와 관련이 있다고 한다. 생화학적인 연구에 의하면 수용성 비타민들은 각종 효소에 강하게 또는 약하게 결합하여 효소의 작용을 도와주는 조효소 역할을 한다는 것이 알려졌다. **비타민에 대한 최근의 이슈는 비타민 부족에 대한 문제가 아니라 비타민 과잉에 관한 문제이다.**

비타민은 보통 용해도에 따라 크게 수용성 비타민과 지용성 비타민으로 나눌 수 있다. 비타민 B군, 비타민 C, 비타민 L, 비타민 P(담황색 색소로 flavonoid 색소로 귤의 hesperidin 등이 여기 속함) 등은 수용성 비타민에 속하고 비타민 A, D, E, K, F(불포화지방산)는 지용성 비타민에 속한다.

수용성 비타민

수용성 비타민은 물에 잘 용해되므로 지용성 비타민보다 조리 과정에서 가열에 의한 손실과 조리수에 씻겨 나가는 손실이 많다. 따라서 손실을 줄이기 위해 소량의 물을 사용하여 찌거나 열처리를 단시간 하는 것이 유리하다.

비타민 B군은 평균흡수율이 50-90% 정도이고 체내에서 다른 효소의 조효소coenzyme로 작용하여 탄수화물, 아미노산, 지방산 대사 등에 관여한다. 비타민 B군에 속하는 것으로는 B1(티아민thiamine), B2(리보플라빈riboflavin), B6(피리독신pyridoxine), B12(시아노코발아민cyanocobalamin), 니아신niacin, 판토텐산pantothenic acid, 비오틴biotin, 엽산folic acid이 있다. 비타민 B가 많이 함유된 식품은 표 1과 같다.

비타민 B는 대체로 우유, 계란, 고기, 간, 효모, 콩 등에 많다. 그러나 이들 음식만 집중적으로 먹는 것은 정답이 아니며 알약 형태로 고농도 정제된 비타민을 지속적, 주기적으로 섭취하는 것이 건강에 도움이 될지 의문이다. 모든 음식을 골고루 적당량 먹는 것이 최상이다.

비타민 C는 아스코르브산ascorbic acid이라고도 하는데 일반적인 부족 증세는 빈혈과 치근이나 점막, 피부 등에 생기는 출혈이다. 비타민 C는 콜라겐합성과 카르니틴carnitine(지방분해 대사에 꼭 필요한 물질) 합성, 콜레스테롤 분해, 면역기능 증강, 철분 흡수 등에도 관여하고, 아드레날린 분비와 심장병예방에도 도움이 된다고 하며 특히 항산화기능은 잘 알려져 있다.

한때 노벨상 수상자인 라이너스 폴링Linus Pauling박사가 불노장수를 위한 약으로 전도사역할을 한 적도 있다. 채소(특히 고추, 파슬리, 양배추, 시금치, 무잎 등)와 딸기, 오렌지, 감귤, 토마토, 레몬 등에 많이 들어 있으나 공기 중에 산화가 쉽게 되고 식물조직에 있는 효소(아스코르비나아제ascorbinase)에 의해서도 빨리 산화가 된다. 이 효소는 끓는 물에 1분 정도의 가열로 쉽게 변성되나 식품 중의 비타민 C는 이 경우 별로 파괴되지 않으므로 채소류를 말릴 경우 이 조작을 하면 비타민 C의 파괴를 최소화할 수 있다.

비타민 C는 채소류를 조리할 때 가장 손실되기 쉬운 비타민이다. 일반적인 경우 과량섭취는 배설로 이어져 문제가 되지 않으나 **최근 합성 정제된 과량의 비타민 C를 정기적으로 복용하는 경향이 있어 이 경우는 신장결석 등이 우려된다**고 한다.

비타민 P는 담황색의 수용성 색소로 플라보노이드flavonoid 색소에 속하는데 귤의 헤스페리딘hesperidin, 엽차류의 루틴rutin 등이 그것이다. 결핍되면 혈관 침투성이 증가하여 피부에 보라색 반점이 생길 수 있으므로 모세혈관 삼투인자permeability factor라는 의미로 비타민 P라는 이름이 붙었다.

표 1 비타민의 생리작용 및 함유식품

명칭	생리작용	결핍증	함유식품
비타민 B1 (티아민)	당대사, 신경기능 조절	각기병, 피로, 권태, 식욕부진	배아, 쌀겨, 효모
비타민 B2 (리보플라빈)	발육촉진, 식욕, 산화환원반응	발육저해, 구강염	효모, 달걀
비타민 B6 (피리독신)	단백질대사, 지질합성	피부염, 습진, 기관지염	간, 배아, 마늘
비타민 B12 (시아노코발아민)	피 생성, 성장촉진	악성빈혈, 간질환	간, 우유, 생선, 달걀, 굴
니아신	탄수화물대사	펠라그라피부염, 흑설병	효모, 밀배아, 간, 콩
판토텐산	에너지생성, 지방산과 콜레스테롤합성	피로, 불면, 근육경련	간, 곡류, 두류
비오틴	포도당과 지방산 합성	탈모, 발톱 깨짐	간, 난황, 두류, 우유
엽산	형액생성, 성장촉진	빈혈	시금치, 간, 두류, 과일
비타민 C	콜라겐합성, 호르몬생성, 철분흡수	괴혈병, 잇몸출혈, 면역기능 약화	고추, 양배추, 레몬, 무청, 과일
비타민 L	젖분비	젖분비 저하	간
비타민 P	혈관기능 강화	신장염	오렌지껍질, 메밀
비타민 A	눈보호, 세포분화 및 증식	야맹증, 안구건조증, 유아발육부진	당근, 간, 김, 파래, 버터
비타민 D	뼈조직 향상, 칼슘과 인의 대사	곱추병, 골연화증, 유아발육부진	우유, 난황, 버섯, 등푸른생선
비타민 E	산화방지, 생식기능유지	불임, 근육위축	식용유, 밀배아
비타민 K	혈액응고	혈액응고지연	간, 달걀, 육류, 녹색채소
비타민 F	산화환원반응	피부염	식용유

지용성 비타민

지용성 비타민은 소화, 흡수, 운반, 저장 등의 모든 과정이 지방에 의존한다. 비타민 A, D, E, K, F가 있다.

비타민 A는 시각, 성장, 생식 등에 관여한다. 주로 해산물의 간유와 동물의 간에 많고 당근, 호박, 엽채류, 토마토, 오렌지, 귤 등에 많이 함유된 카로티노이드는 섭취시 체내에서 비타민 A로 바뀐다.

비타민 D는 프로비타민 D가 자외선 조사에 의해 체내 합성된다. 비타민 D의 가장 중요한 기능은 체내 인산과 칼슘을 결합시켜 인산칼슘을 만들어 뼈를 형성하게 해 주는 것이다. 따라서 비타민 D가 부족하면 어린이는 구루병, 어른은 골연화증에 걸리고 임산부, 수유부는 뼈와 치아에 심각한 문제가 발생한다.

비타민 D는 혈중 칼슘농도를 조절해 주고 세포의 증식과 분열에도 관여한다. 비타민 D가 많은 식품은 간유, 연어, 버터, 달걀 등이다. 곡류, 효모, 버섯 등에는 그 전구체인 에르고스테롤ergosterol이 많이 있어 햇볕을 쬐게 되면 비타민 D로 변한다. 그리고 사람의 피부에 있는 콜레스테롤 유도체7-dehydrocholesterol도 햇볕을 쬐면 비타민 D로 바뀐다.

실외 생활이 많았던 시절에는 비타민 D 섭취를 따로 하지 않아도 되었으나 실내 생활이 위주인 현대인은 지용성 비타민 중 D는 따로 섭취가 필요하다고 생각된다. 어쩌면 **바깥 활동이 많지 않은 현대인에**

게 비타민 D는 유일하게 따로 섭취해 줄 필요가 있는 비타민일 것 같다.

비타민 E는 1922년 에반스Hebert McLean Evans와 비숍Kathrine Scott Bishop이 쥐로 실험한 결과 식물성 기름에 숫쥐의 생식에 필수적인 성분이 있음을 발견하고 이를 토코페롤tocopherol(여기서 toco는 off-spring, 즉 자손을 의미함)이라고 명명했다. 1938년 Erhard Fernholzrk가 구조를 규명하고 같은 해에 Paul Karrer와 그의 동료들이 합성에 성공했다.

비타민 E가 결핍되면 숫쥐는 고환이 퇴화되고 암쥐는 유산 증상을 보였다. 토코페롤은 물에 녹지 않으며 산소, 열, 빛 등에 비교적 안정하고 산화방지제로 작용한다. 비타민 E는 식물성 기름, 곡물의 배아, 땅콩 등에 많이 분포한다. 비타민 E는 산소, 금속, 빛 등에 노출되면 파괴가 쉽게 된다.

비타민 E의 주된 기능은 항산화이다. 노화를 지연시키고, 암을 예방하며 심혈관 질환의 예방에도 관여한다고 한다.

비타민 F는 리놀레산linoleic acid, 리놀렌산linolenic acid, 아라키돈산arachidonic acid을 묶어서 말하는데 체내 합성이 안 되는 지방산들이다. 비타민이라기보다는 필수지방산이 더 맞는 명칭이라고 생각된다. 부족시 탈모, 기관지염, 습진 등의 증세를 보인다. 대부분의 식물유에는 많이 들어 있으나 동물성 유지에는 적다.

비타민 K는 혈액 응고와 관련이 있고 이름도 혈액응고를 의미하는 독일어 koagulation에서 첫 자를 따서 붙여진 이름이다. 부족 시 피부 출혈을 경험할 수 있으나 일반식품 중에 널리 분포되어 있고, 특히 푸른 잎, 달걀, 간 등에 많고 장내 합성도 되므로 부족 증상이 일어나는 경우는 거의 없다.

비타민 과다복용은 해로운가

코펜하겐 쇼크라 불리는 최근(2007년)의 연구결과는 비타민 과다복용에 대해 연구가 절실히 필요함을 보여 주었다.

덴마크의 Cochrane Hepato- Biliary group이 지원하는 비영리 연구기관인 코펜하겐 대학병원 연구소의 고란 젤라코비치Goran bjelakovic 박사팀이 기존의 학술논문 385건을 메타분석Meta-analysis이라고 부르는 통계분석법을 이용하여 23만 2,606명(남성 55.5%, 여성 44.5%; 평균연령 62세, 연령분포 18-103세; 평균 2년 7개월 비타민제 복용)을 대상으로 3년 3개월 간 분석하여 2007년 2월 미국의학협회저널(The Journal of the American Medical Association 줄여서 JAMA)에 보고한 바에 의하면 정기적 비타민 섭취자가 오히려 수명이 짧고 이중 비타민 A와 베타카로틴, 비타민 E를 함께 먹거나 따로 먹을 경우 사망률이 높아지는 것으로 나타났다. 비타민 C와 셀레니움은 사망률에 영향을 주지 못했으나 이 두 가지에 대해서는 더 연구가 필요하다는 입장을 보였다. 이들은 자신의 연구가 합성 항산화제에 국한된 것이므로 식품의 형태로 비타민을 섭취하면 문제가 없을 것이라고 덧붙였다.

이에 대해 미국 소비자과학센터의 데이비드 샤트박사, 미국 터프츠 대학Tufts University 앨리스 리히텐슈타인박사, 영국 심장재단The British heart Foundation, 그리고 영국영양학회 프랭키 필립스박사 등은 이 결과는 당연한 것이라고 하면서 비타민은 보충제 대신 천연식품의 형태로 먹어야 한다고 하였다.

반면에 미국 오리건 주립대학 라이너스 폴링 연구소Linus pauling Institute의 발츠 프라이박사, 미국 터프츠대학Tufts University 항산화연구소 제프리 벌룸버거 박사 등 일부 연구자들은 비타민 보충제의 효과는 이미 많은 논문으로 증명된 바 있으며 조사대상이 된 사람들의 경우(건강에 문제가 없는 사람들 이라기보다는) 건강에 문제가 있는 사람들이 비타민을 정기적으로 복용했을 가능성이 있고 사망원인이 정확히 규명되지 않은 채 사망자의 숫자로만 분석하였으므로 왜곡된 결과를 얻었을 가능성을 배제할 수 없다면서 이 결과를 일반화 할 수 없다고 반박했다.

그러나 비타민의 긍정적인 효과들 중 상당수는 제약회사의 지원을 받은 연구 결과에서 많이 보고되었으며 이 발표 이전에도 비타민의 효과를 부정하는 실험결과들이 여러 차례 있었다.

우선 베타카로틴의 경우 1992년 미국 국립암센터US National Cancer Institute가 발표한 연구보고에 따르면 폐암 환자 18,000명을 2개 그룹으로 나누어 한 그룹만 6년간 베타카로틴을 복용하게 한 결과 베타카로틴을 복용한 그룹의 폐암 사망률이 17% 높았다는 것이다. 연구를 더 진행한 결과 베타카로틴이 흡연자의 암 발생률을 억제해 주지 못했을 뿐 아니라 일반인의 암 발생률도 억제하지 못했다고 한다. 이 결과를 바탕으로 미국 국립보건원 NIHNational Institute of health는 일반인은 베타카로틴 보충제를 복용할 필요가 없으며, 특히 흡연자는 베타카로틴 보충제를 먹어서는 안 된다고 발표한 바 있다.

두 번째는 토코페롤인데 2005년 영국 여성건강연구소가 45세 이상 여성 4만명을 대상으로 12년간(1994년-2004년) 관찰하여 JAMA에 비타민 E가 심혈관질환은 물론 암을 억제하는 데 전혀 도움이 되지 않는다고 보고하였다. 영국 심장폐혈액연구소The National Heart, Lung, and Blood Institution도 비타민 E 보충제는 심장병, 뇌졸중 등을 방지하지 못하며 심장질환을 막는 최선의 방법은 담배를 끊고 혈압과 콜레스테롤 수치를 낮추는 것이라고 공식 발표한 바 있다.

2014년 3월 5일자 조선일보 기사는 셀레늄과 비타민 E를 정기적으로 복용한 사람이 전립선암에 걸릴 확률이 따로 먹지 않는 사람보다 17% 이상 높았다는 연구결과를 소개했다.

기사에 의하면 미국 프레드허치슨 암연구센터의 앨런 크리스탈 박사팀이 2001년부터 전립선암 환자 1,700명과 건강한 남성 3,100명을 대상으로 셀레늄과 비타민 E가 전립선암 위험을 어느 정도 낮추는 지를 알아보고자 조사했는데 결과는 두 가지를 과다 섭취할 경우(셀레늄 200 마이크로그램; 1마이크로그램은 백반분의 일 그램, 비타민 E 400IU) 전립선암에 걸릴 확률을 떨어뜨리기는 커녕 오히려 17% 높였고, 특히 셀레늄 수치가 원래 높은 남성의 경우는 고용량 셀레늄 복용시 전립선암의 위험이 91%나 높아졌다고 한다.

이상으로 보아 비타민 보충제에 대한 논란은 앞으로도 계속될 것으로 보이는데 논란의 핵심은 합성비타민과 천연비타민을 같다고 볼 수 있는가 하는 점이다.

그러면 합성비타민과 천연비타민은 어떻게 다른가?

보통 실험실에서 유기물을 합성할 경우 두 가지 형태의 이성체isomer가 만들어진다. 이성체란 분자식은 같지만 분자 내 원자들의 배열이 다른 화합물을 말한다. 우리가 밥으로 먹는 쌀 전분을 구성하는 포도당은 D형, 몸을 구성하는 아미노산은 L형 등 자연에는 두 가지 이성체 중 한 가지만이 존재한다. 즉 천연물에는 한 가지 이성체만이 존재한다. 이에 맞는 효소도 한 가지만 존재하므로 한 가지 이성체만 분해되고 이용될 수 있다. 그러나 많은 경우 알약 형태의 비타민은 대부분 합성된 것이고 이 **합성품은 대부분 D형과 L형이 섞여 있다.** 예로 비타민 E도 자연에는 D형만 있으나 합성품에는 D형과 L형이 섞여 있다.

자연에 존재하지 않는 이성체 비타민이 우리 몸에 들어가면 어떤 일이 벌어질까?

합성비타민 옹호론자들은 이 경우 흡수되지 않고 배설되거나 이용되지 않을 것이라고 주장한다. 그러나 사실은 어느 정도 배설되고 어느 정도 몸에 누적되는 지에 대한 것은 잘 알지 못하며, 그다지 몸에 좋을 것 같지 않다.

또 다른 문제로는 양적인 문제인데 미량 필요한 비타민의 특성에 비추어 볼 때 식품과 상관없이 다량의 비타민만 알약 형태로 섭취하는 것은 비타민 폭탄을 맞는 것에 비유된다는 점이다. 가뭄에 비가 와야 할 경우라도 조금씩 서서히 비가 와야 도움이 되지 호우형태의 비는 해갈에는 도움이 될지 모르나 홍수피해가 오히려 크지 않은가.

전체적인 영양과잉의 시대에 살고 있는 우리는 비타민 알약이 정말 필요한지 잘 판단해 볼 시점인 것은 사실이다.

비타민 E가 실험실연구에서 항산화효과가 있다고 해서 인체 내 활성산소를 억제할 것이라는 것 역시 지나친 추측이다. 우리 몸에는 수많은 항산화 요인이 있으며 식품속의 많은 항산화물질 중 어느 것이 사용될지 누가 알겠는가?

비타민 과잉섭취 문제는 현재 학계에서도 논란 중이므로 꼭 원한다면 비타민 C나 D를 식품과 함께 또는 식사 직후 바로 간헐적 섭취 정도로 충분하다고 생각된다. 식사 중에 또는 직후 먹는 이유는 식품과 함께 섭취함으로써 식품으로 먹는 효과를 누리기 위한 것이다.

일반적으로 수용성 비타민은 과량 섭취한다하더라도 대소변을 통해 배출되기 쉬우므로 큰 문제가 되지 않을 것으로 추측되나 최근 비타민 C의 경우 과량 섭취하면 설사와 신장결석을 유발할 수도 있다고 한다. 비타민 D의 경우 실내 생활이 많아 햇볕을 쬐기 어려운 현대인들은 부족 증세가 오기 쉬워 보충해 주어야 한다는 의견이 우세하다. 그러나 지용성 비타민의 특성상 과량 섭취할 경우 체외로 배출되기 어렵고 체지방에 축적되어 독성을 나타낸다는 예측도 많다. 따라서 매일 한 알씩은 건강에 도움이 될 것 같지 않다. 식품첨가물 먹는 것과 무슨 차이가 있는가? **비타민은 가능한 식품으로 섭취하고 합성된 인공 비타민을 과량으로 섭취하는 일은 가능한 피하도록 하자.**

CHAPTER 06

무기질과 물

무기질의 기능

⋮

다량으로 요구되는 무기질

⋮

미량으로 요구되는 무기질

⋮

기타 무기질

⋮

어떤 식품이 알칼리성 식품인가

⋮

식사 후 물을 적게 마신다면

무기질은 미네랄mineral 또는 회분이라고도 하며 식품을 태웠을 때 재가 되는 부분이다. 에너지원은 아니나 구성성분으로서는 매우 중요하다. 우리 몸은 탄소, 수소, 산소를 구성분으로 하는 유기물이 약 96%를 차지하고 있으나 무기질이 차지하는 비중도 4% 정도 된다.

이들은 대부분 무기염의 형태로 식품에 존재하나 단백질, 엽록소, 효소 등에 결합된 형태로 존재하기도 한다. 단백질, 지방, 탄수화물에 비해 필요로 하는 양은 적으나 신체발육, 생리적 기능의 조절에는 매우 중요하고 땀, 오줌 등으로 배출되므로 식품을 통해 계속 보충해 주어야 한다.

무기질은 과일, 채소, 수산물 등에 많은데 식품마다 무기질의 종류는 매우 다양하므로 다양한 식품을 골고루 먹어 주는 것이 좋다.

무기질은

- 산, 알칼리의 균형
- 삼투압의 균형
- 뼈, 치아 등의 형성
- 효소, 호르몬, 비타민

등의 구성물질로 작용한다.

주요 열량소인 탄수화물, 지방, 단백질의 섭취는 거의 모든 사람이 필요량을 충족하는 만큼 우리는 어쩌면 무기질의 섭취에 더 많은 주의를 기울여야 할지도 모른다.

무기질의 기능

우리 생체는 산과 알칼리가 균형을 이루어 pH 7.35 근처를 유지해야 한다. 체액에는 각종 무기질이 녹아 이온으로 존재한다. 이때 나트륨Na, 칼륨K, 칼슘Ca, 마그네슘Mg 등은 수산기(산소와 수소 각 한 원자로 결합되어 '-OH'로 표시되는 1가의 기)와 결합하여 알칼리성을 증가시키고 염소Cl, 황S, 인P 등은 수소와 결합하여 산도를 증가시킨다.

삼투압의 균형을 유지하기 위해서도 무기질은 필요하다. 물은 세포막을 통과하여 삼투현상에 의해 이동한다. 이때 각 무기질 이온의 농도가 중요한 역할을 하므로 균형을 이루지 못할 경우 부종이나 탈수 증세를 겪게 된다. 최근 특히 짠 음식이 문제가 되는 것은 나트륨이온 때문이다. 세포막을 경계로 나트륨이온은 바깥쪽이 약 15배 정도 농도가 높고 칼륨이온은 세포 안쪽이 약 10배 정도 농도가 높다. 세포에는 이 두 가지 이온의 농도를 항상 이 비율로 유지시켜주기 위해 에너지를 소모하면서 펌프를 가동하고 있다. 우리가 소비하는 에너지의 30% 이상이 이 작업에 사용되고 있으니 이 작업이 생명의 유지에 얼마나 중요한지 짐작할 수 있다.

젊은 시절에는 우리가 짜게 먹는다 하더라도 이 펌프가 제대로 잘 작동하므로 문제가 없으나 노년층이 되면 이 펌프의 기능이 약해져 제대로 퍼내기가 점점 힘들어진다. 짜게 먹으면 세포 바깥 나트륨이온의 농도가 항상 높으므로 나트륨이온은 농도기울기에 따라 세포내로 자꾸 들어오려는 압력이 높아지고 균형이 기울기 쉽다. 이 경우 혈압이 상승하게 된다.

칼슘, 인, 마그네슘, 불소 등은 뼈와 치아의 형성에 관여한다. 그 외 미량원소들(아연, 구리, 망간 등)도 연골, 피부, 뼈 주위 조직과 같은 조직 형성에 관여한다. 따라서 이들 무기질은 건강 유지에 필수적이다.

요오드는 갑상선 호르몬의 생성에 필요하다. 철분은 헤모글로빈과 치토크롬 효소의 구성분이고 코발트는 비타민 B12의 구성성분이다. 황은 일부 아미노산의 구성물질로 사용되고 티아민thiamine과 비오틴biotin 같은 비타민의 구성성분이기도 하다.

마그네슘, 인, 망간, 아연 등은 각종 효소의 촉매에 관여하거나 효소의 구성 성분으로 이용되어 체내 대사에 참여한다.

다량으로 요구되는 무기질

1일 권장량이 100밀리그램(1밀리그램은 백분의 일 그램) 이상인 무기질로는 칼슘, 나트륨, 칼륨, 인, 마그네슘, 염소, 황 등이 있다.

칼슘은 인체 무기질 중 가장 많은 양을 차지하는데 보통 체중의 1.5-2.3% 정도 된다. 체내 칼슘의 대부분은 골격과 치아에 존재하지만 근육의 이완과 수축, 혈액응고에도 관여한다. 신호전달을 통한 효소의 활성화에 중요한 역할을 한다.

성인남녀의 하루 권장량은 남자의 경우 750밀리그램이고 여자는 650밀리그램이나 임신 및 수유기에는 280-370밀리그램을 추가적으로 섭취할 것을 권장한다. 우유 또는 우유를 이용해서 만든 유제품과 멸치 등이 칼슘의 좋은 공급원이고 녹색채소, 두류, 곡류에도 칼슘이 많다. 그러나 식물에 많은 섬유질, 수산oxalic acid, 피트산phytic acid 등이 칼슘의 흡수를 방해하므로 식물성 식품을 통한 칼슘 흡수율은 매우 낮다.

식품 중의 칼슘염은 비타민 D의 보급이 충분해야 비로소 흡수가 잘 되고 뼈를 형성한다. 어른은 칼슘이 부족할 경우 뼈의 칼슘을 소모하여 조절하므로 칼슘부족을 잘 느끼지 못하나 장기화될 경우 골다공증 등의 확률이 높아진다. 따라서 칼슘은 가장 비중을 두고 섭취해야 할 무기질이다. 임산부, 수유부는 특히 많은 칼슘을 필요로 하므로 부족 시 뼈와 치아의 건강이 나빠진다.

나트륨이온은 주로 소금으로부터 섭취하는데 칼륨이온과 함께 세포 안과 밖의 삼투압 조절에 관여한다. 신경자극의 전달에 중요한 작용을 한다. 정상적인 신체기능을 유지하기 위해 하루 약 1.5그램 정도 필요하나 각종 육류, 해산물, 유제품, 축산가공품 등 대부분의 동물성 식품에 다량 존재하므로 따로 섭취하기 보다는 가능한 줄여서 섭취해야 할 무기질이다. 특히 우리나라의 경우 김치, 젓갈, 장류와 국물, 찌개를 함께 섭취하는 식습관으로 인해 소금량을 줄이기 위한 노력이 많이 필요하다.

우리나라 식품 중 나트륨이 문제가 되는 것은 국, 탕, 찌게 등이다. 특히 국 또는 탕의 경우 간이 맞을 정도이면 바닷물의 소금 농도와 비슷한 약 2.5-3% 정도이므로 부피를 곱해보면 대략의 소금량 계산이 가능하다. 국을 500밀리리터 정도(라면 한 개 끓일 정도의 물의 양) 먹었다면 12-15그램 정도 되어 이미 하루 섭취량을 넘은 것이다. 일반적으로 적당한 소금량은 약 1% 정도이다.

참고로 미국인의 경우 하루에 5-15그램의 소금을 섭취한다고 한다. 체액에 염분이 부족하면 수분을 몸 밖으로 배출하고 너무 많으면 갈증을 일으켜 농도를 조절한다. 소금은 신장을 통해 배설되므로 짜게 먹으면 신장에 부담을 준다.

칼륨은 체액의 정상적인 삼투압 유지와 심장근육의 수축과 이완 등에 관여한다. 콩류, 곡류, 과일, 녹색채소, 육류 등 여러 식품에 골고루 들어 있어 따로 섭취할 필요가 없다.

인은 전체 약 85% 정도가 칼슘과 함께 뼈, 치아의 형성에 사용된다. DNA와 RNA의 구성성분이며 세포막을 구성하는 지질도 인지질이다. 다른 장기에 비해 뇌는 인의 비율이 높다. 뼈, 치아를 구성하고 근육

수축 기능에도 관여하며 체액을 중화시킨다. 각종 효소의 조절, 신경 자극의 전달에도 기여한다. ATP를 구성하여 에너지대사에 필수적인 성분이며 산, 염기의 평형조절에도 중요한 작용을 한다.

성인남녀의 하루 권장량은 700밀리그램 정도이다. 어육, 난류, 우유, 유제품, 곡류 등 거의 모든 식품에 풍부하게 들어 있어 부족할 염려는 별로 없다. 가공식품 특히 탄산음료에 과량의 인이 함유되어 있어 탄산음료를 너무 애용하면 칼슘섭취를 방해하여 골격약화를 가져올 수 있으므로 주의해야 한다.

마그네슘은 엽록소의 구성성분으로 심장과 신경기능, 각종 효소 반응의 보조인자로 사용되고 신경자극 전달과 근육의 수축 및 이완에도 관여하며 치아의 에나멜 층에서 칼슘의 안정성을 증가시켜 충치를 예방한다. 하루 필요량은 0.3그램 정도이나 각종 채소에 풍부하게 들어 있어 따로 섭취할 필요는 없다.

염소는 나트륨과 함께 보통 소금으로 섭취한다. 체내 삼투압 유지와 수분 평형에 관여하고 신경전달에도 중요하다. 따로 섭취할 필요가 없다.

황은 아미노산cysteine, methionine의 구성성분으로 단백질의 일부가 되기도 하고 비타민의 구성분으로 효소의 활성화에도 관여한다. 육류, 어류, 계란, 우유, 콩 등과 무, 양배추, 파, 양파, 브로콜리, 마늘 등에 많이 함유되어 있다. 황 자체로 보다는 유기물과의 결합체가 우리 몸에 매우 중요하다.

미량으로 요구되는 무기질

철분, 요오드, 아연, 구리, 불소, 셀레늄, 망간 등이 여기에 속한다. 통상 10밀리그램 미만의 권장섭취량에 해당하는 무기질들로 따로 섭취할 필요가 없다고 생각된다.

이중 **철분은 동물성식품에 많으며 특히 채식을 고집하는 경우 섭취량이 권장량에 미치지 못할 가능성이 높으므로 주의가 필요하다.**

요오드는 갑상선 호르몬인 티록신tyroxine의 구성성분으로 체내에서는 주로 갑상선에 존재한다. 체내대사율과 성장발달을 촉진한다. 김, 미역, 다시마 등의 해조류에 많이 함유되어 있다.

아연도 성장기 어린이에게 많이 필요하다. 육류, 패류(굴, 새우 등), 간 등의 동물성식품에 들어 있는 아연은 체내이용률이 높으나 콩, 견과류 등에는 함유량도 적은데다 피트산phytic acid으로 인해 이용률도 낮다.

셀레늄Se은 항산화 기능이 있고 간에도 도움이 되고 심장병과 암 발생을 낮추어 준다고 따로 섭취하는 경우가 가끔 있으나 5ppm(백만 분의 일) 이상이면 독성이 있으므로 주의하여야 한다. 육류의 내장, 패류, 유제품 등에 충분히 함유되어 있으므로 따로 섭취할 필요가 없다.

기타 무기질

코발트, 크롬, 니켈, 리튬, 규소, 몰리브덴, 비소, 주석, 카드뮴, 알루미늄 등 권장량이 정해져 있지 않은 것들이다. 이중 한국인에 주의를 요하는 것은 알루미늄이다.

우리의 독특한 식문화는 알루미늄 호일에서 고기를 굽는 문화를 창조했다. 아마도 알루미늄 호일에 고기와 김치를 구워먹는 나라는 우리나라뿐일 것이다. 사용 후 뒤처리가 편한 점은 있으나 고기를 굽다 보면 알루미늄 호일에 구멍이 난 경우를 자주 볼 것이다. 알루미늄이 녹은 후 증발되어 없어진 것인데 증발한 알루미늄이 어디로 사라졌는지 한 번 생각해 볼 일이다. 또 신 김치 등을 고기 구운 알루미늄판 위에서 굽는 경우에도 증발한 알루미늄을 우리가 섭취 또는 호흡한 것은 아닌지 한 번 의심해 볼 일이다.

참고로 알츠하이머치매 환자의 경우 뇌에서 알루미늄 농도가 높은 경우가 많아 알루미늄과 연관이 있는 것으로 추정하고 있는 연구자도 있으나 알루미늄과 치매와의 연관관계를 아직 확실하게 밝혀내지는 못했다. 그러나 금속을 먹고 마셔서 좋을 일은 없겠다. 비록 고기 굽고 난 후 설거지가 귀찮기는 하지만 알루미늄 없이 고기를 구워 먹는 것이 좋겠다. 또 고기 굽는 판에 알루미늄 호일을 이용하는 식당이 있다면 과감히 호일 제거를 요구하고 이를 거부할 경우 다른 식당을 이용하자.

어떤 식품이 알칼리성 식품인가

우리 몸의 pH는 7.35 근처로 거의 일정하다. 우리는 특정식품을 대상으로 산성 식품이라거나 알칼리성 식품이라고 말한다. 사과와 신포도가 신맛이 강한데도 알칼리성 식품이라고 하면서 쌀밥은 씹으면 단맛이 나는데도 산성식품이라고 한다. 왜 그럴까?

일반적으로 탄수화물은 대사되면서 완전 연소되면 피루부산을 거쳐 아세틸코엔자임A로 전환된 후 탄산과 물로 100% 전환된다(그림 1). 이때 생긴 이산화탄소가 호흡으로 방출되지만 일부 물에 녹아 탄산이 되므로 산성 식품이라고 볼 수 있다.

지방의 경우도 지방산과 글리세롤로 나뉜 후 완전 연소된다면 탄수화물과 마찬가지 경로를 거치고 불완전 연소가 될 경우 생기는 케톤체(아세톤, 아세토 아세테이트, β -하이드록시부티르산을 묶어서 케톤체라고 부름)가 산성이므로 산성 식품이라고 볼 수 있다.

단백질은 아미노산으로 바뀐 후 질소부분은 암모니아로 황은 아황산 등으로, 나머지 부분은 탄수화물, 지방과 마찬가지 경로를 거쳐 탄산이 되므로 이 또한 산성이 된다.

식품에 함유된 무기물 들은 물에 녹아 있을 경우 알칼리성이 되거나 체내 유기산과 결합하면 염salt이 된다.

한 식품은 각 성분이 섞여 있는 상태이므로 전체적으로 산성을 띠는 성분이 알칼리성을 띠는 성분보다 우세하면 산성 식품이 되고 알칼리성을 띠는 성분이 더 많으면 알칼리성이 된다. 따라서 일반적인 측정방법은 각 식품 100그램을 연소하여 얻어진 회분을 중화시키는데 소요되는 0.1N의 알칼리 또는 산의 밀리리터 수를 재어서 산도와 알칼리도를 측정한다. 이 기준에서 감자, 고구마, 당근, 토마토, 양배추, 상추, 사과, 바나나, 오렌지 등은 알칼리성 식품이고, 육류, 어류, 달걀, 쌀, 통밀 등은 산성 식품이 된다.

산성 식품을 위주로 먹을 경우 체내 산성물질이 증가되어 산중독증acidosis이 되고 우리 몸은 이를 중화시키기 위해 많은 무기질을 소모하게 되고 각종 병에 걸리기 쉬운 상태가 된다.

식사 후 물을 적게 마신다면

물은 영양소에 포함시키지 않아 사실 이 지면에서 다룰 내용은 아니지만 각종 영양소를 녹여 주는 용매로 작용하므로 영양소 마지막 부분에서 조금만 언급하고자 한다.

가끔 식사 후 물 마시는 것을 자제하는 사람을 만날 수 있다. 그 이유를 물어보니 위산과 소화액이 묽어져 소화를 방해한다고 들었다는 것이다. 그러면 논리적으로 한 번 생각해 보자. 보통 사람의 경우 하루에 마시는 물의 양은 활동량, 기온, 습도 등에 다르지만 2리터 정도 (6-8컵)는 마셔야 한다는 의견이 많으니 2리터를 마신다고 가정하자.
신체에너지 생성과정에서 약 0.3-0.5리터 정도의 물이 만들어지므로 하루에 총 2.5리터 정도의 새로운 수분이 몸에 들어가는 셈이다. 이중 오줌으로 약 1.5리터 정도 배설되고 호흡과 땀으로 약 0.85리터, 대변으로 0.15리터 배출된다. 물론 물을 덜 마시면 오줌과 땀 등으로도 덜 배출될 것이다.

오줌 등은 대사과정에서 나오는 노폐물을 배설하기 위한 것인데 물을 덜 마시면 노폐물 배설이 제대로 되지 않을 것이다. 또 소화액이 제대로 작용하려면 소화액 내의 소화효소가 제대로 작용해야 하는데 모든 효소는 물이 있어야 제대로 작용할 수 있다. 위산의 pH를 걱정하는 분이 있으나 물로 인해 체액의 농도가 10배 희석되면 pH 1이 변한다. 통상 위액의 pH가 1-2 정도이므로 물을 적게 마심으로 또는 많이 마심으로 인한 pH 변화는 미미하다.

물을 지나치게 많이 마셔 체액 전반에 희석효과를 가져 올 정도라면 문제가 될 것이다. 그러나 갈증을 느끼는 데도 체액의 희석을 염려해서 물을 일부러 적게 마시는 것은 미련한 일이다. 충분한 양의 물은 마셔주자. 제대로 된 소화와 노폐물 배설을 위해.

CHAPTER 07

비만과 다이어트

우리는 왜 비만이 되기 쉬운가

⋮

비만유전자

⋮

비만과 다이어트

⋮

비만의 기준

⋮

비만의 원인

⋮

비만으로 인해 생길 수 있는 병

⋮

비만의 교정

⋮

요요현상

⋮

불균형 다이어트

⋮

황제 다이어트

⋮

감식초 다이어트

⋮

간헐적 단식에 의한 다이어트

⋮

대사증후군

⋮

각 상황에서의 우리 몸의 반응

⋮

혈당과 관련된 호르몬

우리는 왜 비만이 되기 쉬운가

2012년 6월 29일 한국일보 인터넷 판에 실린 기사를 요약하면 다음과 같다.

> 미국의 뉴욕시와 로스앤젤레스시는 탄산음료의 섭취를 줄여 비만율을 떨어뜨리려 한다. 뉴욕타임즈에 의하면 뉴욕시는 음식점과 영화관, 야구장 등 공공장소에서 설탕이 들어간 16온스(480ml) 이상 음료를 팔지 못하게 하는 법안을 추진하고 있다. 이번 법안에는 탄산음료 외에도 설탕이 첨가된 커피와 차 등도 포함됐다.
>
> LA 카운티 보건국도 공공장소에서 탄산음료 판매를 금지하는 방안에 찬성해서 시당국과 의회가 공조해 탄산음료 판매 제한에 나선다고 한다.
>
> 하버드대와 매사추세츠공대(MIT)가 위치한 교육도시 매사추세츠주의 케임브리지시도 식당에서 대용량 탄산음료 판매를 금지하는 방안을 검토 중이다.
>
> 캘리포니아주 리치먼드시는 11월 탄산음료에 온스당 비만세 1센트를 물리는 방안을 두고 주민투표를 실시할 예정이다.
>
> 미국의사협회는 미 전역에서 판매하는 탄산음료에 온스당 비만세 1센트를 물릴 경우 비만율을 5% 포인트 낮출 수 있고, 10년 안에 비만 관련 의료비용을 170억 달러(약 19조원) 줄일 수 있다는 예측을 내놓았다.

비만, 문제는 문제인 모양이다.

현대 인류의 역사는 대체로 15만년 정도가 정설이다. 이 시기 이후에 어떤 계기에 의해 인류는 급격한 시련을 겪고 그 중 일부가 살아남아 전 세계에 퍼진 것으로 추정된다. 15만년 전 아프리카에 나타난 인류는 팽창을 계속하다가 약 6만년 전 아프리카를 벗어나 중동지역으로 이동한 후 인도, 동남아, 오스트레일리아, 중앙아시아, 동아시아, 시베리아 등으로 팽창이동 했고 이중 일부는 약 4만년 전 유럽으로 이동하고 약 3만년 전에는 아시아북부를 가로질러 일본까지 도달했고 약 1만 5천년 전 마지막 빙하기에는 베링해협을 가로질러 아메리카대륙에 까지 진출함으로써 남극을 제외한 모든 대륙을 점거했다고 한다.

이 고난의 기간 인류는 먹을 것을 해결하는 문제가 생존과 직결되는 문제였을 것이다. 우리는 많은 경우 자연의 순리대로 행동하는 것이 최선이라는 막연한 믿음이 있다. 그러나 인류 역사 전체에서 먹거리가 충분했던 시기는 거의 없었고 배고픔으로부터 해방된 것은 농업혁명과 산업혁명 등을 거치면서 인류 전체 역사 중 극히 마지막 부분에 해당하는 최근 약 100-150년 이내의 짧은 시기라고 볼 수 있다. 그러다보니 인류는 더 먹을 수 있을 때 가능한 많이 먹어 두어야 했고 식량이 떨어질 경우에 대비하여 식량을 확보해 두거나 몸에 저장해야 할 필요성이 있었고 이에 맞춰 우리 몸도 진화해왔다. 즉 몸에 에너지를 저장할 수 있는 능력은 생존에 유리한 조건이 될 수 있었다. 이를 위해 단위 체중 당 많은 에너지를 저장할 수 있는 수단이 필요했고 이에 가장 적합한 영양소는 지방이었다고 볼 수 있다.

탄수화물과 단백질이 그램당 4칼로리이고 비타민, 무기질 등이 열량이 없는 반면 지방은 그램당 9칼로리나 되고 탄수화물이나 단백질이 물을 많이 함수할 수 있는 반면 지방은 물을 거의 배제한 채로 저장(지방은 지방끼리, 물은 물끼리 뭉친다)이 가능하므로 단위체중당 더 많은 양의 저장이 가능하기 때문이다.

지방을 많이 저장하여 몸이 뚱뚱한 사람은 잉여에너지를 많이 비축해 놓은 사람이므로 기근이나 다른 재해가 닥쳐 식량이 부족해도 살아남을 수 있었다. 마른 사람은 오늘날 각광을 받고 있지만 불과 200년 전만해도 지극히 불리한 조건이었다고 볼 수 있다. 또 마른 사람은 비만인 사람보다 면역능이 많이 떨어지므로 잔병치레를 상대적으로 더 많이 할 수도 있다.

그러나 문제는 인류 전체 역사의 극히 짧은 마지막 부분인 오늘날에 와서는 사정이 크게 달라졌다는 데 있다. 일부 저개발 국가를 제외하고는 과잉 칼로리가 오히려 문제가 되고 있다. 인류 역사 15만년 중 식량이 풍부한 시기를 마지막 최근 100-150년간이라고 본다면 이는 인류 전체 역사의 0.1%도 되지 않는 매우 짧은 기간이다. 생존에 필요했던 에너지의 저장을 통한 개체의 생존과 건강한 생활을 위한 식습관 간에도 불일치가 시작되었다. 즉 생존을 위해 음식섭취 후 체내에 저장하는 것보다는 필요시 소량 섭취 또는 적당량 섭취 후 알맞은 운동을 하는 것으로 바뀌어야 했다. 그러나 인류 전체 역사에 비해 진화적으로 탈바꿈하기에는 이 기간이 너무 짧다. 짧은 기간에 우리 몸에

너무 많은 변화를 요구하고 있는 것이다. 게다가 의학의 발전으로 약간의 병이 있어도 생존에는 문제가 없다.

생리적 욕구는 가능한 많이 먹고 가능한 많은 에너지를 몸에 저장하게끔 진화되어 있는데 현실은 너무 갑자기 식품이 풍부해져 우리 몸의 유전자가 이를 따라가지 못하는 것이다. 우리가 자연에 즉 본능에 몸을 맡길 수 없는 이유이다. 자연에 따르기에는 우리 몸이 준비가 되지 않았다. 자연은 오랜 세월 균형 잡힌 식사를 허용하지 않았다. 그러나 최근 풍부해진 세상은 균형 잡힌 식사를 요구하고 있다. 여기에 현대인의 딜레마가 있다.

비만유전자

인류에게 비만이 언제부터 시작되었는지는 알 수 없으나 구석기시대의 유물에서 뚱뚱한 여자상이 발굴되는 것으로 보아 2-3만년의 역사는 되는 것 같다. 음식이 충분하지 못한 기근에도 지방을 저장하여 비만이 된 사람은 생존 가능성이 높다고 예상되는데 극단적인 예로 제2차 세계대전 중 몇 몇 기근사건에서 실제로 남성보다 여성의 사망률이 낮았다고 한다. 또 단식투쟁으로 인한 사망의 경우도 일반적으로 체지방이 많은 사람이 야윈 사람보다 더 오래 버티고 사망률도 낮다고 한다.

가끔 우리는 모녀간에, 부자간에 때로는 온가족이 동시에 비만인 경우를 목격한다. 이는 우리에게 비만은 유전에 의한 것이라는 생각이 저절로 들게 하는 현상이기도 하다. 실제로 체지방 변이의 50-80%가 유전에 의한 것이라는 연구 결과가 있다. 주로 일란성 쌍생아, 이란성 쌍생아, 가상 쌍둥이들을 통한 연구가 대부분이다. 일란성 쌍생아란 정자와 난자가 수정된 수정란이 2배수로 되었을 때 각각 나누어져 개체로 성장한 경우를 말하는데 각 개체는 동일한 유전자를 갖게 된다. 이란성 쌍생아는 말 그대로 완전히 다른 2개의 수정란이 같은 자궁에서 각각 태어난 것이다. 가상 쌍둥이는 같은 가정에 동시에 입양된 두 아이 또는 한명의 입양아와 한명의 친자식처럼 생물학적 쌍둥이는 아니지만 나이와 성별이 같고 어렸을 때부터 같은 환경에서 자란 아이를 말한다. 이들을 대상으로 한 연구 결과에 의하면 유전이 체지방에 영향을 미치는 것은 분명하다고 한다.

그러나 비만은 유전성을 따지기가 매우 어려운 것이 사실이다. 왜냐하면 비만에 영향을 주는 요소가 너무 많고 이들이 서로 연결되어 작용하는 것으로 보이기 때문이다. 즉 음식섭취, 신체활동, 기초대사량, 음식을 먹고 난 후의 체온 상승 등과 함께 환경적 요인이 함께 작용하지만 음식섭취, 신체활동, 기초대사량, 음식을 먹고 난 후의 발열 역시도 사람에 따라 다르므로 이 또한 유전성이 있다고 생각되기 때문이다. 유전적으로 좋아하는 맛이 있을 수 있고, 유전적으로 운동을 좋아 할 수도 있고, 음식을 먹은 직후의 발열도 아직 원인을 정확히 모르지만 유전적 요소가 많을 것이다.

실제로 캐나다 퀘백지역의 가족연구에 의하면 습관적 신체활동량 차이의 약 30%는 유전적 소인에 의한 것이었다고 한다. 기초대사량이 적으면 같은 양을 먹어도 쉽게 살이 찐다. 같은 사람이 젊었을 적에 먹던 식사량을 그대로 유지한다고 해도 노인이 되면서 소위 나잇살이 찌는 이유도 기초대사량은 줄었으나 유입되는 에너지는 비슷하기 때문이다.

비만이 유전적이라면 비만유전자가 있다는 것은 당연한 일일 것이다. 그러나 비만은 한 가지 유전자에 의해 나타나는 것이 아니라 여러 유전자가 다양한 환경과 상호작용하면서 나타나는 것으로 보인다. 드물게 단일유전자의 이상으로 인해 비만이 되는 경우도 있으나 이 경우 지능 저하나 호르몬 이상, 생식기 기형 등의 장애와 함께 나타난다고 한다.

비만은 지방세포수에 의해 결정된다. 왜냐하면 사람 세포의 평균 크기는 거의 일정하므로 비만은 일반적으로 많은 지방, 즉 많은 지방 세포수를 의미하기 때문이다.

우리 몸이 지방세포수가 급격히 증가하는 시기는 태아 마지막 3개월부터 생후 1년 그리고 청소년기라고 볼 수 있다. 이 시기에 많이 먹게 되면 주로 세포수가 많이 증가하게 되지만 성장을 멈춘 후에는 체중 증가는 지방세포 크기의 증가로 이어진다. 문제는 어린 시절 과도하게 영양이 좋을 경우 이는 지방세포가 영구적으로 늘어난다는 것을 의미하므로 비만 어린이가 성인이 되어 비만을 탈출하는 것은 쉬운 일이 아니다.

태아가 자라는 자궁의 환경도 비만에 영향을 준다. 엄마가 임신 기간 첫 6개월에 기아를 겪으면 이 아이는 성인이 되어 비만이 될 확률이 80%이고 자궁 속 마지막 3개월 또는 태어나서 첫 5개월 동안 기아를 겪었다면 태어난 애기가 나중에 비만이 될 가능성이 40% 정도 된다고 한다.

비만과 다이어트

우리 몸의 에너지는 지방과 글리코겐의 형태로 저장되어 있다. 글리코겐이 수화되어 간, 근육 등에 주로 존재하는 반면 지방은 약 80%가 피하에 존재하고 지방의 약 20%는 복부 등에 저장되어 있다. 혈중 에너지가 초과되면 일부 글리코겐으로 저장되나 그 양이 한정되어 있고 나머지는 지방으로 저장된다.

지방은 우리 몸의 체온조절에 중요한 역할을 하며 면역과도 관련이 높아 극히 마른 사람은 이런 저런 병에 잘 걸린다고 한다. 일반적으로 건강한 여성은 체중의 22-26%가 지방이고 남성은 체중의 15-20%가 지방이라고 한다.

현재 젊은 사람들은 잘 모르겠지만 과거 배불리 먹지 못하던 시절(우리나라 1960년대) 사장님은 배가 나와야 한다고 생각한 적도 있었다. 대체로 중성지방의 저장은 에너지 과잉을 반영하는 것이다. 비만이란 일반적으로 과체중을 의미하나 영유아기의 비만과 성인이 되어서 비만이 된 경우는 다소 다르다. 영유아기에서 사춘기까지 과량의 에너지를 공급받게 되면 지나친 숫자의 지방세포가 발달하게 되어 지방조직이 전신에 퍼지게 되고 이후 다이어트를 하더라도 평생 남게 된다. 즉 영유아기의 비만이 평생 지속되는 원인이 된다. 그러나 성인이 되어 비만이 된 경우라면 지방세포의 숫자는 정상이나 지방세포 자체가 과량의 지방을 함유하고 있는 것이 된다. 이 경우는 영유아 비만에 비해 조절이 용이하다.

비만의 기준

비만은 인위적인 기준치에 대한 것인지도 모른다. 우리는 보통 평균이라는 개념을 가지고 비만여부를 판정한다. 예로 현재 키가 xxcm

인데 체중이 평균체중보다 많이 나가니 비만이라고 판단하는 경우이다. 이는 몸무게와 지방량이 대체로 비례한다고 전제하고 있기 때문이다. 그러나 항상 그런 것은 아니므로 이를 다소 보완한 것이 신체비만지수BMI인데 몸무게를 키의 제곱으로 나눈 값이고 단위는 kg/m^2이다. 세계보건기구는 유럽인의 경우 BMI 30 이상을 비만이라 진단하고 아시아인은 25 이상이면 비만이라고 진단한다. 체형이 다소 다르기 때문이다. 그러나 비만은 체지방이 많을 때이므로 키와 체중 평균치만 가지고 판단하기에는 다소 무리가 있다.

일반적으로 대사증후군은 내장지방이 문제가 되므로 지방의 양뿐만 아니라 지방의 분포도 중요하다. 물론 정확한 측정은 컴퓨터 단층촬영과 같은 비싼 장비가 필요하지만 허리둘레를 이용하여 복부비만의 정도를 측정하기도 한다. WHO가 정한 복부비만의 기준치는 백인의 경우 남자는 102cm 이상, 여자는 88cm 이상이나 아시아인의 경우는 남자 90cm, 여자 80cm 이상이라고 한다.

또 남자와 여자 간에도 지방의 분포에 차이가 있어 남자는 복부비만이 많은 반면 여자는 엉덩이나 허벅지 비만이 많다고 한다. 이는 호르몬의 차이에 기인한 것으로 폐경 이후의 여성은 남자들처럼 복부비만이 늘어난다고 한다.

비만의 원인

비만은 일반적으로 원인 질환이 없으며 단지 에너지 소모보다 섭취가 많을 경우 남은 에너지가 체지방으로 저장된 것이라고 볼 수 있다. 그러나 원인질환이 없다 하더라도 비만이 될 수 있게 만드는 원인으로는 유전적 요인, 호르몬 이상, 식생활 습관, 심리적 요인 등이 있다.

보통 같은 가족은 비슷한 체형을 보이는 경향이 있다. 일란성 쌍생아, 이란성 쌍생아, 입양아 등을 대상으로 연구에서도 비만아동의 60-80%는 부모의 한쪽 또는 모두가 비만인 것으로 보아 유전적 요인이 큰 것은 사실인 것 같다. 미국의 입양아를 대상으로 행한 한 연구에서는 비만에 대한 유전의 영향이 35-65%라고 한다.

그러나 가족의 경우 식생활도 공유하므로 유전적 요인과 식생활 방식을 분리해서 설명하기가 어렵다. 습관적 신체활동 경우도 유전적인 소인과의 연관성이 30-62% 정도 된다고 한다. 30에서 62%라 하면 연구 방법 또는 기준에 따라 값이 차이가 크다는 것으로 한마디로 애매하다는 말이다. 사람마다 기초대사량이 다른 것도 유전적 차이와 연관성이 있다고 생각된다. 최근 일부 비만 관련 유전자가 발견되었다고 하나 여러 개의 유전자가 상호작용하여 비만으로 나타나므로 이 또한 밝히기가 쉽지 않다.

여성의 경우 난소가 제거되면 체중이 늘어나는 경우가 많은 것을 보면 호르몬 또한 비만과 연관이 있다.

또 스트레스 호르몬인 콜티졸cortisol이 장기간 평상시보다 높게 유지될 경우에도 복부비만을 유발한다. **스트레스는 복부비만의 한 원인이다.** 스트레스는 그 강도와 기간에 따라 비만을 가져올 수도 있고 체중을 줄여줄 수도 있다. 단기간에 큰 스트레스를 받으면 식욕이 떨어지고 이는 체중감소로 이어진다. 그러나 입시나 취업과 같은 장기간에 걸친 스트레스는 신체활동 감소와 함께 평소에도 스트레스 호르몬인 콜티졸의 분비를 가져오고 이는 만성적인 콜티졸의 증가로 나타나며, 이는 음식물 섭취를 증가시키고 콜티졸에 더 예민하게 반응하는 복부지방의 증가를 유발한다. 스트레스는 복부지방까지 증가시키니 역시나 만병의 근원이다.

고칼로리식을 계속하면 비만이 되는 것은 너무나 당연하다. 사람은 배고픔과 상관없이 다양한 음식이 제공되면 더 많이 먹는 경향이 있다. 이는 실험으로도 증명이 된 사례이다. 또 배가 고플 때만 먹는 동물과 달리 사람은 문명에 의해 배가 고프지 않아도 한밤중의 배고픔을 미리 예상하고 시간이 되면 먹는다. 이는 비만으로 이어질 수 있다.

식사량도 유전이 될까? 그것은 대체로 아니라고 한다. 이는 유전보다는 환경적 요인이 더 강하게 작용하는 경우가 되겠다.

만약 균형 잡힌 식사를 하던 사람이 매일 약 30칼로리에 해당하는 우유 한잔을 더 마신다면 20년 후에는 어떻게 될까? 30×365×20 = 219,000칼로리에 해당하고 이는 지방으로 환산하면 24,333g으로 약 24kg의 지방이 된다. 이 계산에는 잉여칼로리가 모두 100% 효율로 지방으로 바뀌고 체중 증가에 다른 기초대사량 증가분을 빼주지 않아 다소 과장된 것이긴 하지만 이중 약 40% 정도의 효율이라고 가정하면 9.6kg의 체중 증가가 올 것이다. 사소한 식사량 증가가 20년 후 어떤 모습으로 다가올지 짐작이 될 것이다.

또 한 가지 중요한 사실은 전체 칼로리가 동일할 경우 한꺼번에 많이 먹는 경우와 여러 번에 걸쳐 나눠 먹을 경우를 생각할 수 있는데 한꺼번에 많이 먹는 경우에 비만이 될 확률을 높인다. 그 이유는 혈당 상승과 인슐린 분비에 그 원인이 있다. 한꺼번에 많은 식사는 급격한 인슐린 분비를 가져오고 인슐린은 혈당을 빨리 떨어뜨리기 위해 당과 지방산을 분해하게 하기도 하지만 지방을 합성하여 저장하게 하기 때문이다.

에너지대사의 불균형은 유전적요인, 식생활, 스트레스 요인 이외에도 에너지 소모량의 차이로부터 기인된 것이다. 에너지 소모량의 차이는 기초대사량의 차이, 식품마다 다른 발열 효과의 차이, 신체활동별 에너지 소모량의 차이 등에 기인한 것이다.

기초대사량이란 근육을 사용하는 움직임이 없는 상황에서 생명유지를 위해 심장, 뇌, 허파, 기타 장기 등을 사용할 때 소모되는 에너지를 말하는데 전체 에너지소비의 60-70%에 해당한다. 기초대사량은 비만이라 하더라도 정상이거나 체중에 비례하여 증가하지만 같은 체중이라면 근육양이 많을수록 증가한다. 대체로 남자가 여자보다 기초대사량이 10% 정도 많다. 기초대사량의 차이를 이용하면 나이가 많아지면서 저절로 비만으로 가는 현상들은 어느 정도 설명이 가능하다. 즉 노년에 접어들면서 기초대사량은 점차 줄어드는데 같은 양의 식사를 계속하므로 정작 본인은 같은 양의 식사로 체중 증가 또는 체지방 증가의 요인이 없다고 판단하지만 사실은 비만(소위 나잇살이 찌는)이 되는 이유이기도 하다.

이유는 아직 정확히 밝혀져 있지 않지만 식품을 섭취하면 섭취열량의 약 10%는 대사과정에서 소모되어 열로 바뀐다. 그래서 식사 중 땀을 흘리는 경우가 많다. 그러나 예상과는 달리 비만의 경우에도 이는 정상적이거나 약간 감소한다고 한다. 그럼에도 불구하고 비만인 사람이 밥을 먹으면서 땀을 흘리면 마치 살이 쪄서 그런 것 같은 느낌을 준다.

신체활동으로 인한 에너지 소모는 전체 에너지 소모의 20-30% 정도인데 단위체중당으로 환산하면 비만인 경우와 아닌 경우 사실상 별 차이가 없다고 한다. 비만인 사람이 비활동적일 수도 있으나 비만이기 때문에 비활동적으로 추측할 가능성도 배제할 수 없다. 습관적 신체활동량 차이의 약 30%는 유전적 소인에 의한 것이라고 한다. 4,000명 이상의 쌍둥이의 신체활동량 분석을 한 핀란드 연구에서는 62%가 유전적으로 설명이 된다고 한다. **우리가 보통 걸음으로 한 시간을 걸을**

때 소비되는 열량은 200-300칼로리에 불과하므로 운동 후 고에너지 식품을 먹으면 효과가 없을 수밖에 없다. "운동을 했으니까 좀 먹어도 별 문제 없겠지"하고 위안(?)을 느끼면서 음식을 먹으면 도루묵이다.

비만으로 인해 생길 수 있는 병

비만인 경우 고지혈증을 보이는 경우가 많다. 간에서 중성지방의 생성이 증가되면 조직으로 보내기 위해 LDL이 상승하게 되고 이는 혈중 콜레스테롤이 높아지는 요인이 된다.

혈중 지방농도의 상승은 세포가 포도당 대신 지방산을 많이 이용하게 하는 원인을 제공한다. 따라서 식사 후 포도당 농도가 높다 하더라도 혈중 포도당 농도를 떨어뜨리는 인슐린의 효과는 떨어질 수밖에 없다. 이를 "인슐린저항성"이라고 한다. 이 경우 혈당을 떨어뜨리기 위해 더 많은 인슐린이 분비되고 그럼에도 별 효과를 보지 못하므로 평상시의 혈당 농도는 계속 증가하게 되고 장기적으로 당뇨로 이어진다.

또 비만인 사람은 대체로 동맥경화, 협심증, 심근경색, 고혈압 등의 심혈관계 이상 질환을 겪을 확률이 높아진다. 실제로 체중이 감소되면 혈압이 대체로 함께 떨어지고 체중이 증가하면 혈압도 따라서 증가하는 경향이 있다.

과도한 지방 축적은 흉벽과 횡격막의 운동에 제한을 주게 되고 결국 폐의 탄성이 감소되고 폐활량의 감소로 이어진다. 이는 저산소증으로 이어질 수 있다.

과체중은 하지관절과 허리 주변관절의 무리로 이어지고 관절염 등의 질환으로 이어질 수 있다.

비만의 교정

비만치료의 가장 좋은 방법은 서서히 진행하는 다이어트와 운동이다. 저열량식에 운동을 겸할 경우 가장 큰 어려움은 배고픔과 기력이 없음이다. 하루 요구량보다 약 300칼로리 정도 적은 양을 먹는다고 가정하면 한 달에 약 9,000칼로리를 적게 먹는 것이 되고 이는 지방 약 1kg에 해당하나 지방조직의 약 30%에 수분이 있음을 감안하면 한 달에 약 1.3kg 정도 감량이 된다. 그러나 너무 적게 먹을 경우 다른 영양결핍이 올 수 있어 다른 보충제를 먹어 주어야 하므로 오히려 좋지 않다고 한다. 미국의 경우 약 42%가 식이요법 중 중단하여 다시 요요현상에 의해 체중이 원래대로 복귀하거나 오히려 더 나빠진다고 한다.

운동에 의해 어느 정도의 체중이 줄까? 2014년 1월 7일자 조선일보에 재미있는 기사가 실렸다. SK텔레콤에 근무하는 키 174cm, 체중 88

킬로그램인 김성원(44세)씨가 출퇴근길 2시간 동안 매일 2만보를 걸어 4개월 만에 약 11킬로그램을 감량하여 체중 77kg의 날렵한 몸이 되었다는 것이다. 정말 가능한 일인지 한 번 계산해 보기로 하자.

체중 60kg인 사람이 보폭 약 60cm로 시속 4km 정도를 한 시간 걸을 경우 약 200칼로리가 소모된다고 한다. 2시간 걸으면 약 400칼로리가 소모되므로 이는 400/9=지방 44.4그램에 해당(지방 1그램당 9칼로리임을 상기하자)하고 지방조직에 있는 수분이 약 30%임을 고려하면 이는 체중 약 58그램 해당한다. 식사량이 동일하다면 일주일에 약 0.4킬로그램(58×7=406그램), 한 달이면 1.6킬로그램, 넉 달이면 6.4킬로그램 정도 빠질 수 있다는 계산이다. 김성원씨의 경우 처음에는 시속 약 4킬로미터에서 점차 속도를 높여 6킬로미터로 높였다고 하나 4개월 동안 시속 6킬로미터로 걸었다고 가정해서 1.5를 곱하면 최대 약 9.6킬로그램 정도 줄 수 있을 것 같다. 게다가 체중이 88킬로그램이었으므로 체중에 비례해서 더 많은 에너지가 사용되었다고 가정하자. 실제로는 4개월 동안 서서히 체중이 줄어갔으므로 이를 감안해야겠지만 계산을 간단히 하기 위해 88킬로그램에 해당하는 체중이 지속적으로 적용되었다고 가정하고 가중치 1.47(88/60=1.47)을 곱해주면 약 14킬로그램 정도까지 줄일 수 있다는 계산이 된다. 다시 말하거니와 이 값은 어디까지나 최대치이다. 왜냐하면 속도도 감량기간 내내 시속 6킬로미터가 아니었고 체중도 감량기간 내내 88킬로그램은 아니었기 때문이다. 예상치의 최대치가 14킬로그램인데 11킬로그램이 준 것은 이처럼 감량기간 내내 속도는 조금씩 빨라지고 체중은 점점 줄고 있었기 때문으로 보인다.

문제는 이처럼 계산상 운동에 의한 체중감량이 쉬울 것 같으나 실제로 운동만으로 체중감량 효과를 본 경우는 별로 없다고 한다. 김성원씨의 경우는 다소 특별한 경우가 아닐까 싶다. 운동은 체중유지에는 크게 도움이 되나 체중감량의 효과는 적게 먹는 것에 비해 떨어진다고 한다. 그 이유는 앞서 잠시 언급한 것처럼 아마도 운동 후 시장기가 식욕을 자극하여 더 많은 열량섭취로 이어지는 것이 원인이 될 가능성이 높다.

또 우리 주변에서 흔히 볼 수 있는 것이 약물에 의해 식사량을 줄이는 것이다. 안전성이 입증된 약은 리덕틸과 제니칼 두 가지 밖에 없다고 하나 실제로는 다양한 약물들이 사용되고 있는 것 같다. 그 약물들에 대한 성분 분석과 안전성에 대한 검증이 필요하다고 본다.

그러나 너무 비만의 정도가 심할 경우는 수술에 의해 지방층을 흡입해 내거나 위를 잘라내어 작게 만들고 창자에 연결하는 방법이다. 위를 잘라내는 방법은 최근 쥐를 이용하여 행한 실험에서 장내 균총의 변화를 가져오기 때문에 효과를 보는 것 같다고 한다. 그러나 어느 수술이나 위험부담은 항상 있으므로 다소 위험을 감수해야 한다. 비만교정의 어려움은 감량 후 체중유지에 있다. 이는 꾸준한 운동과 식사량 조절뿐이다.

요요현상

요요현상이란 체중이 원래 체중에서 멀어질수록 그 체중을 되찾고자 하는 뇌의 시상하부 작용이 강해져 결국 원래상태로 돌아오는 현상이다.

요요의 원인을 여러 가지 요인으로 분석하나 한 가지 가능성은 비만인 상태에서 최대로 활성화된 지방합성 효소들의 활성이 단지 6개월 또는 1년의 다이어트에도 불구하고 아직 그 수준으로 유지되고 있거나(식사량이 지속적으로 줄어들고 있으므로 더 효율적으로 작용하기 위해) 오히려 더 활성화되고 있는데(소위 체질은 아직 변하지 않았는데) 식사량 줄이는 것을 중단하고 약간 늘리기 시작할 경우 다시 비만으로 쉽게 복귀하게 된다는 것이다.

이것이 사실이라면 정말 장기간 적어도 3년 이상 다이어트를 계속하지 않으면 체질 개선이 되지 않으므로 비만교정은 쉽지 않겠다. 관건은 서서히 식사량을 줄이면서 운동을 지속적으로 하는 것이다.

요요현상의 또 다른 가능성은 다이어트 기간 동안 변하지 않은 장내세균의 균총 문제일 수도 있다. 거의 무균상태에 가깝게 태어난 아기는 태어난 지 1주일 정도면 장내세균들이 세력을 확장한다. 이때 아기가 먹는 것은 모유가 대부분이므로 유산균이 절대적으로 유리하여 전체 창자에 존재하는 세균의 약 90% 이상을 차지하게 된다. 그러나 이유기를 거치고 젖당분해효소가 점점 퇴화하면서 장내세균 중 유산균이 차지하는 비율이 점점 낮아지고 7살 이후는 일반 성인과 거의 같은 수준으로 낮아진다고 한다.

장내세균에 의한 비만 가설은 젖을 뗀 이후의 균총이 비만여부를 결정한다는 이론이다. 최근 하버드 의대 연구팀이 발표한 바에 의하면 고칼로리 사료를 이용하여 비만을 유도한 쥐를 세 집단으로 나누어 위축소 실험의 효과를 조사했다. 장내세균을 조사해 본 결과 위축소 수술을 받은 쥐의 경우 날씬한 생쥐에서 보이는 종류의 세균비율이 늘어난 반면 비만한 쥐에서 많이 발견되는 세균비율은 줄었음을 알 수 있었다. 그러나 위를 자른 후 그 자리를 원래대로 다시 봉한 쥐와 아예 수술을 하지 않은 쥐는 체중 감소와 상관없이 장내 세균 분포에 변화가 없었다고 한다. 이로부터 위축소 수술은 장내 미생물의 분포에 변화를 가져왔다는 사실을 알 수 있었다.

이번에는 각 그룹의 쥐로부터 얻은 배설물을 쥐에게 먹여 보았는데 위절단 수술을 받은 쥐의 대변을 주입한 쥐는 체지방과 체중이 5% 감소했으나 위절단 수술을 받지 않았거나 위 수술 후 그 자리를 그대로 다시 봉한 쥐의 대변을 주입한 쥐는 체중에 변화가 없었다고 한다. 그들은 장내세균의 변화가 체중 감소 효과를 가져온 것으로 해석했다.

현재로서는 장내 미생물이 어떻게 체중에 영향을 주었는지 아직 밝혀지지 않았고 사람에게도 적용 가능할 지의 여부는 더 연구가 필요하다. 하지만 이것이 사실이라면 다이어트만으로 체지방 조절 및 유지는 쉽지 않고 배양된 균을 함께 먹으면 비만교정이 쉬울 것 같다. 이 경우 현재 많이 팔리고 있는 유산균처럼 날씬한 사람의 배설물은 상당히 고가의 가치가 있을 것이고 그런 사람의 배설물에서 원인균을 찾아내어 배양한 후 몸매유지를 위해 요구르트처럼 마시는 날이 올지도 모르겠다. 너무 황당한 상상인가?

그리고 이 실험 결과는 다이어트에 의해 단기간에 체중을 뺀 사람이 요요현상에 의해 다시 원래의 체중으로 돌아가는 지에 대한 부분적인 설명을 가능하게 해 준다.

요요현상이 혹시 다이어트 기간에도 장내 균총의 비율이 바뀌지 않았기 때문은 아닐까? 또 유산균의 장기적인 복용이 비만으로부터 체질을 개선해 줄 수 있는 것은 아닐까?

불균형 다이어트

최근 일부 원푸드 다이어트 등 불균형 다이어트가 유행하고 있다고 한다. 불균형 다이어트를 행하면 어떻게 될지 한 번 생각해 보자.

우리가 다이어트 기간 동안 탄수화물을 극히 줄이면 다시 말해 밥, 빵, 고구마, 감자 등 전분이 많이 함유된 식품을 극도로 기피할 경우 어떤 현상이 나타날까? 하루 100그램 미만의 탄수화물을 먹을 경우 몸에 수분이 유지되기 어려워 탈수현상으로 인한 심한 피로와 두통을 느낀다고 한다.

만약 다이어트 기간 동안 지방성 음식을 극도로 기피하면 어떤 현상이 벌어질까? 이 경우 필수지방산, 지용성 비타민 등이 부족해진다. 보통 지방성 음식은 육식인 경우가 많아 단백질 부족현상을 함께 겪을 가능성도 있다. 예로 머리카락이 가늘어지는 등의 증세를 겪을 수 있다.

칼로리를 극도로 줄인다면 어떻게 될까? 이 경우 대부분 탄수화물이 부족하고 지방도 부족할 것이다. 이는 혈액 중 포도당의 함량이 수준 이하로 내려감을 뜻한다. 우리 몸의 장기 중 뇌는 특히 포도당을 요구하는데 포도당이 없이는 생명을 유지할 수 없으므로 상당량의 단백질이 탄수화물로 전환되어 사용될 것이다. 이는 체단백의 감소로 이어져 피부가 건조해지고, 머리카락이 가늘어지며, 변비가 올 수도 있고 무기질(미네랄)의 평형이 깨져 설사를 할 수도 있다. 체지방을 없애고자 했는데 체단백질이 감소된 것이다. 따라서 이와 같은 방법들은 모두 건강에 해로우므로 잘 균형 잡힌 식단을 이용한 다이어트와 운동을 장기간 병행해야 몸에 이상이 오지 않는다.

황제 다이어트

황제 다이어트는 한때 열풍이 불어 모 그룹의 회장님도 시도했다는 확인 불가능한 소문이 있으나 현재 이 다이어트 방식은 실패로 끝난 것으로 보인다. 육류, 생선, 버터, 채소를 원하는 대로 먹되 탄수화물은 하루 20그램 이하로 제한하는 환상적인 다이어트 방법이다.

이 방법을 개발한 사람은 탄수화물을 최소로 섭취함으로써 혈당치가 기준 이하로 떨어져 포도당이 부족해지면 일차적으로 글리코겐이 소모되고 인슐린 분비는 저하되므로 지방합성이 일어나지 않고 오히려 이후 체내 축적된 지방이 분해되어 에너지원으로 이용되면서 필요한 최소량의 포도당은 체내에서 만들어져 공급될 것이라고 예상했다.

그러나 실제의 경우 식욕은 감퇴되고, 단백질 분해에 의해 근육이 줄어들며, 포도당 부족으로 인해 기억력이 감퇴되고, 케톤증ketosis이 오며 포화지방과 콜레스테롤 증가에 의한 심혈관계에 많은 무리를 가져오는 것으로 알려졌다. 더 기가 막힌 사실은 이 방법을 제안한 연구자인 에킨스 박사가 심장병으로 사망했다는 것이다. 절대로 따라 해서는 안 될 위험한 다이어트 방법이다.

감식초 다이어트

감식초 등 식초를 먹고 체중 감량에 성공했다는 사람도 있다. 감식초를 먹으면 어떻게 될까?

우선 사람들은 감식초가 발효된 음식이고 신맛이라는 데서 상당한 믿음을 느끼는 것 같다. 결론부터 말하면 감식초의 주성분은 식초이다. 감의 일부 미량 성분이 발효에 의해 얼마나 몸에 좋은 성분으로 바뀌었는지는 필자도 분석해 보지 않아 모른다. 좋은 성분이 생겼을 수도 있다. 그러나 아무튼 식초이고 주성분은 초산이다.

초산은 영어로 acetic acid이고 우리가 섭취하면 곧 아세틸코엔자임A라는 물질로 바뀐다. 우리가 포도당을 먹었을 때 생기는 바로 그 물질이다. 술을 마셔도 만들어지는 물질이다.

과잉의 아세틸코엔자임A는 어떻게 될까? 식초를 많이 먹을 경우 지방산으로 바뀐다. 다이어트는 커녕 몸에 지방만 더 생길 판이다. 게다가 신맛만으로 마시기 힘들어 약간의 감미를 더한다면 이미 다이어트는 물 건너갔다. 신맛에 현혹되지 말자.

간헐적 단식에 의한 다이어트

최근 간헐적 단식이 트랜드인 모양이다. 간헐적 단식이란 간단히 말해 주 2회 정도 아침을 굶기만 하면 된다는 것이다. 별로 고통스럽지 않다는 면에서 매우 매력적인 모양이다. 아직 결론이 나지 않은 것 같은데 굶는 시간이 길어지면서(저녁 먹고 다음 점심때 까지 적어도 약 15시간 정도 포도당 공급이 없으므로) 위가 오래 비어 있고 식사가 불규칙하므로 당연히 위염 등의 증세가 올 수 있다.

현재까지의 이론에 바탕을 둔 필자의 예상은 다음과 같다. 음식이 들어오기까지 우리 몸은 간절히 포도당을 기다렸으므로 기다림 끝에 식사를 하면 포도당은 빠른 속도로 체내 흡수되고 혈당치가 급격히 상승하므로 인슐린 역시 급격히 상승할 것이다. 우리 몸은 에너지가 충분할 때 저장하는 것이 유리하다고 판단하고 효율적인 저장을 위해 지방합성효소가 기승을 부릴 것이다. 즉 에너지 효율이 더 높아지고 장기적으로 몸의 지방수치는 점차 올라갈 것이다. 또 이 지방은 피하지방보다는 내장으로 가서 배만 나올 수도 있다.

별로 권하고 싶지 않은 방법이다.

대사증후군

대사증후군metabolic syndrome이란 복부비만, 고혈압, 혈당장애, 높은 중성지방, 낮은 HDL 콜레스테롤 등 다섯 가지 위험요소 중 세 개 이상이 한꺼번에 나타나는 증상을 말한다. 이는 당뇨의 시작이기도 하다. 대사기능에 문제가 생기면서 시작하는 데 뚜렷한 원인, 특히 유전적인 요인은 아직 밝혀지지 않았다.

세계보건기구(WHO)가 1998년 처음 사용한 용어로 국내에서는 2009년부터 국가 차원에서 관리해야 한다는 중의가 모아지고 있다. 대사증후군의 시작은 비만이다. 비만과 고지혈증은 대개 함께 오지만 고지혈증은 대사증후군으로 또 대사증후군은 당뇨로 넘어가게 된다.

그럼 이 모든 것의 시작 비만은? 당연히 많이 먹고 적게 움직이는 에너지과잉으로 인해 발생한다.

각 상황에서의 우리 몸의 반응

지금 내가 음식을 먹는다면 몸속에서 어떤 일들이 벌어질까?

밥 또는 빵을 먹는데 밥은 도정(수확한 벼로부터 껍질을 벗겨내고 먹기 좋게 도정기로 쌀을 깎아 내는데 이를 도정이라고 한다)을 많이 한 쌀로 지었다고 하면 주성분은 전분이 되겠다. 물론 도정률에 따라 쌀의 성분에 차이가 있겠으나 백미는 쌀눈이 거의 없어진 상태라 전분이 주성분이라 볼 수 있다. 빵의 경우도 다양한 재료가 사용되지만 분쇄한 밀가루를 주로 사용하므로 전분이 주가 되겠다.

전분이 들어오면 우리 몸의 소화효소 중 전분을 분해하는 효소(예로 아밀라제)는 이를 잘라 포도당으로 바꿔준다. 물론 한 가지 효소가 아니라 여러 종류의 전분분해효소가 참여한다. 이때 전분으로부터 얼마나 빨리 포도당으로 전환되는지에 따라 혈당치가 결정된다. 혈당치가 올라가면 특히 포도당은 창자에서 흡수되어 혈류를 통해 뇌, 간, 심장으로 분배되는데, 이때 대략 1/3은 근육으로, 약 1/3은 뇌로, 약 1/3은 간으로 분배된다고 한다.

혈당의 증가는 인슐린의 분비를 촉진하면서 글루카곤(인슐린의 반대 작용을 하는 호르몬 정도로 알자)의 분비는 억제하는데 이로 인해 간에서는 글리코겐의 합성이 증가하고 지방산의 합성도 촉진된다. 지방산은 지방으로 바뀌어 혈액 내의 VLDL, LDL 등에 의해 지방조직으로 운반되어 저장된다. 근육에서도 포도당은 글리코겐으로 바뀌어 저장된다. 이런 과정을 거치며 혈당치는 이제 정상으로 내려가고 시간이 더 흐르면 서서히 혈당치가 평소수준보다 더 아래로 내려가게 된다.

이제 인슐린은 더 이상 분비되지 않고 우리는 허기를 느끼게 된다. 허기를 느끼면 혈당치를 평소수준으로 유지하기 위해 글루카곤의 분비가 촉진된다. 그러면 우리 몸은 저장해 둔 글리코겐을 분해하기 시작한다. 또한 지방세포에 저장해 둔 지방을 분해하기 위해 리파제lipase가 활성화되기 시작한다. 포도당의 소모를 줄이기 위해 해당과정도 당연히 느려진다.

기아나 단식상태에서는 상황이 아주 다르다. 이는 비상사태이다. 따라서 우리 몸은 처음에 이를 인식하지 못한다 하더라도 곧 이를 알아차리고 이에 맞는 반응을 보인다.

우리가 바깥에서 따로 음식을 제공하지 않는다고 가정하고 평균적인 사람이 저장한 에너지로 얼마나 버틸 수 있는지를 살펴보자.

우리 몸의 지방조직이 가진 에너지는 약 337,000KJ 정도로 가만히 있을 경우 약 34일, 걷는다면 약 11일 정도 버틸 수 있는 양이라고 한다.

간에 저장된 글리코겐이 가진 에너지는 약 1,500KJ에 불과하여 가만히 있으면 0.15일(3.6시간), 걷는다면 0.05일(1.2시간) 정도 사용할 수 있는 양이다. 근육의 글리코겐도 가만히 있으면 0.6일(14.4시간), 걷는다면 0.2일(4.8시간) 정도 사용 가능하다.

체내 총단백질은 에너지로 환산하면 약 150,000KJ로 가만히 있으면 15일, 걷는다면 약 5일을 버틸 수 있으나 단백질이 모두 에너지로 전환될 경우 각종 효소, 몸의 구성 자체가 불가하므로 이미 그 전에 사망에 이르게 될 것이다.

우리 몸은 포도당 사용을 가능한 적게 하면서 버티기 위한 방법이 개발되어 있다. 바로 케톤체ketone body라고 부르는 물질인 아세톤acetone, 아세토아세테이트acetoacetate, 베타히드록시부틸산β-hydroxybutylic acid의 자체합성이 그것이다.

케톤체는 몸속에 아세틸코엔자임A라고 부르는 물질이 많아졌을 때 생성되는데 이는 포도당 분해과정 중, 지방산 분해 과정 중, 술을 과음했을 경우 등의 상황에서 만들어지는 대사 중간체이다. 아세틸코엔자임A를 원료로 만들어진 케톤체는 혈액의 pH를 낮추고 장기화될 경우 산중독증이 올수 있고, 산의 제거를 위해 배뇨, 탈수 등의 증세와 전해질의 불균형, 신장과부하 등의 부작용과 입냄새가 심해질 수도 있어 평상시 몸에 케톤체가 많이 있으면 바람직한 상태가 못 된다.

뇌는 포도당이 있어야 정상적인 기능을 할 수 있는 조직이다. 포도당이 공급되지 않을 경우 정신이 혼미하고 제대로 사고를 할 수 없다. 따라서 기아와 단식이라는 극단적인 상황에서 포도당 공급원이 없고 글리코겐마저 다 소모된 경우라 하더라도 지방은 포도당으로 전환이 안 되므로 한 가지 생존방법은 체단백질을 아미노산으로 바꿔 이를 포도당으로 전환시켜서 사용하는 것이다. 그러나 단백질이 인체 기능의 핵심적인 일들을 맡고 있고 효소와 근육 조직들이 단백질 없이 유지되기 어려우므로 이는 가능한 한 피해야 한다.

다행히 뇌는 포도당 대신 케톤체를 연료로 사용할 수 있어 체단백질의 소모를 어느 정도 막아준다. 실제로 단식 기간 중 몸의 에너지 사용을 조사한 바에 의하면 단식 3일까지는 뇌가 사용하는 에너지의 약 1/3이 포도당 대신 케톤체이고 이 무렵 체단백질은 일평균 약 150그램 정도 소모된다고 한다.

그러나 몇 주간 단식이 지속될 경우 전체 사용 에너지 사용의 약 2/3가 케톤체이고 이 때문에 케톤증이 나타나고, 이때 단백질 소모량은 일평균 약 20그램 정도에 불과하다고 한다.

케톤체는 아세틸코엔자임A로 전환되어 사용된다.

당뇨는 다이어트, 단식의 경우와 유사하면서도 아주 다른 양상이다.

포도당은 매우 풍부하나 세포는 이를 이용하지 못하여 포도당 대사가 사실상 중단된 상태이다. 포도당을 이용하지 못하니 몸은 지방분해를 통해 에너지를 얻고자 한다. 따라서 지방분해 대사가 활발하고 포도당은 풍부한데도 부족한 것으로 판단하여 오히려 합성하려 하고, 포도당 공급이 안 되니 케톤체 대사가 주를 이루게 된다.

단거리를 사력을 다해 달릴 경우를 한 번 살펴보자.

단거리 달리기에는 개인차가 있지만 일반적으로 초당 0.8칼로리, 분당 48칼로리 정도의 에너지가 요구된다. 이 경우 활성화된 미오글로빈의 농도로는 충분하지 못하고 산소공급이 부족하여 미토콘드리아를 통한 호흡도 거의 일어나지 못하므로 해당과정에 의한 효소활성이 주가 되어 몸에는 포도당이 분해된 젖산이 쌓이고 따라서 피로가 유발된다.

마라톤을 할 경우는 단거리를 달릴 경우와 아주 다른 양상이 된다. 혈액에서 헤모글로빈에 의한 산소 공급이 충분하고 미토콘드리아를 통한 호흡이 잘 되므로 근육의 글리코겐이 분해된 포도당과 지방조직에서 분해된 지방산이 사용된다. 따라서 마라톤을 할 때 오는 피로는 일반적으로 글리코겐의 고갈 때문이라고 한다.

혈당과 관련된 호르몬

먼저 인슐린을 살펴보자. 인슐린은 포만감의 신호로 혈당을 낮추는 역할을 한다. 혈당이 증가되면 췌장의 베타세포에서 분비되며 전반적인 해당과정을 촉진하고 간에서의 글리코겐 합성, 지방조직에서의 지방 가수분해억제, 간과 지방조직에서의 지방합성을 촉진시킴으로써 궁극적으로 포도당의 농도를 떨어뜨리는 역할을 한다.

글루카곤이라는 호르몬은 인슐린의 정반대 역할을 한다. 췌장의 알파세포에서 만들어져 분비된다. 간의 사이클릭에이엠피cAMP의 농도를 증가시켜 글리코겐을 분해하여 혈액으로 들어가게 함으로써 혈당량을 증가시켜주는 역할을 한다. 사이클릭에이엠피는 사실 배고픔의 신호이다.

또 다른 호르몬으로 아드레날린이 있다. 아드레날린은 에피네프린이라고도 불리는 데 부신수질에서 환경적 또는 스트레스에 반응하여 분비되는 호르몬이다. 상대방이 나를 화나게 할 때나 순간적으로 많은 에너지를 필요로 할 때 즉각 분비되는 호르몬으로 글루카곤과 같은 역할이나 간이 아닌 근육에서 주로 작용한다는 점이 다르다. 즉 근육에서 사이클릭에이엠피를 생성하여 이로 인해 근육세포에서 글리코겐이 분해되어 포도당의 농도를 올려주고 지방분해효소인 리파제lipase의 활성화를 통해 지방이 분해되어 지방산의 농도를 높여준다.

CHAPTER 08

식품과 암

왜 암에 걸리나

⋮

암은 유전병인가

⋮

암을 예방하는 식품

⋮

채식 열풍

생명체는 끊임없이 세포분열을 행한다. 우리가 매일 바라보는 우리는 그냥 보면 같은 사람이 그대로 있는 것 같지만 일정 기간이 지나면 현재의 세포는 죽고 새로운 세포로 교체된다. 따라서 어제의 나는 없고 새로운 내가 있는 것이다. 매우 종교적이고 철학적인 스토리 같기도 하다.

이 변화는 매우 잘 조절되는 질서에 따라 일어난다. 이를 위해 세포가 필요로 할 때 분열되고, 이렇게 생성된 세포는 필요한 기간 동안만 생존해야 하고, 죽어야 할 때 죽어야 하며, 있어야 할 조직에만 머물면서 새로운 조직을 침범하면 안 된다. 그러나 약간의 실수는 어디에나 있기 마련으로 유전자 복제 중 우연히 또는 외부의 영향에 의해 돌연변이가 일어나는 수가 있다.

유전자의 돌연변이는 비정상적인 세포분열로 이어지고 이로 인해 영양이 공급되는 한 죽지 않고 계속 생존하여 과다하게 성장하는 세포집단을 만들게 되는데 이를 우리는 "종양"이라 부른다. 종양에는 양성과 악성의 두 가지가 있다. 양성종양은 다른 조직을 침범하지 않아 그대로 두어도 개체의 생명을 위협하지는 않는 반면 악성종양, 즉 암cancer은 크기가 자꾸 커지고 다른 조직을 침범하여(전이) 종양이 생긴 개체의 생명을 위협한다.

암은 세포분열 중 돌연변이가 누적되어 생기는 전형적인 노인성질환이다. 과거 수명이 짧았던 시절에는 오래 살 경우 암이 걸릴 수 있는 유전자를 갖고 있다 하더라도 다른 원인 등으로 일찍 사망하여 암 발생률이 낮았다. 그러나 지금은 평균 수명이 80세를 바라보고 있어 나이가 들면서 암이 걸릴 확률이 많이 높아졌다. 최근의 전망은 전체 인구의 1/3 이상이 일생에 한 번은 암에 걸릴 것으로 예상한다. 따라서 암에 걸려서 고생하기 전에 미리 예방할 수 있는 방법을 찾아야 할 것이다.

왜 암에 걸리나

암 발생의 원인은 선천적인 요인과 후천적인 요인 모두가 있다. 선천적 원인은 유전자이고 후천적인 요인으로는 화학물질, 바이러스, 방사선 등을 들 수 있다.

화학물질은 암 발생의 가장 흔한 원인물질이다. 가장 먼저 알려진 암 유발 화학물질은 벤조피렌이다. 벤조피렌은 담배연기, 자동차 배기가스 등에 많다. 자연에 흔한 라돈Rn에 의한 암 발생은 이미 심각한 수준이라고 한다.

식품속의 발암물질도 일종의 화학물질로 볼 수 있다. 탄 고기, 짠 음식, 매운 음식, 지방, 술 등도 과다 섭취 시에는 암 발생의 요인이 된다. 고기나 생선을 태우면 단백질을 구성하는 아미노산 중 트립토

판이 벤조피렌으로 바뀔 수 있다. 축산가공품에 많이 들어 있는 아질산염도 태우면 발암물질인 니트로사민nitrosamine으로 바뀐다. 짠 음식, 매운 음식은 위암과 관련이 있고 과다한 지방 섭취는 유방암, 대장암과 관련이 높다. 술도 간암 등을 유발한다.

바이러스도 암의 큰 원인인데 B형간염, C형간염 등과 자궁경부암이 그 예이다. 소아백혈병의 원인도 바이러스에 의한 것일 가능성이 크다고 한다.

방사선, 자외선 등도 암의 요인인데 이들은 DNA에 손상을 가져와 돌연변이를 유발하기 때문이다. 따라서 너무 잦은 건강진단은 방사선 노출량이 과다일 수 있으므로 주의해야 한다.

유전자의 돌연변이가 암의 근본적인 원인임을 밝힐 수 있었던 것은 바이러스 덕분이었다. 닭에 종양을 일으키는 바이러스는 라우스Rous라는 사람에 의해 알려졌고 그 바이러스를 발견자의 이름을 따서 RSVRous sarcoma virus라고 불렀다. 그러나 이 바이러스가 어떻게 종양을 유발했는지는 1970년대에 와서 바머스Varmus와 비숍Bishop 두 사람에 의해 알게 되었다. 그들은 RSV에 감염되어 종양이 생긴 닭과 정상적인 닭의 세포유전자를 분석하여 정상적인 유전자가 바이러스에 의해 유입된 유전자에 의해 변형된 사실을 밝혀냈다. 이 유전자를 우리는 원발암유전자protooncogene라고 부르는데 원래는 정상적인 유전자이나 돌연변이에 의해 암유전자oncogene로 바뀔 수 있는 것들이다. 이후 100개 이상의 암유전자가 밝혀졌고 위에서 언급된 화학물질, 방사선, 바이러스들이 체내에서 원발암유전자에 돌연변이를 일으키기 때문에 암에 걸리게 된다는 사실도 알게 되었다.

우리 몸에는 암을 억제하는 유전자도 있다. 암을 억제하는 유전자도 돌연변이가 일어나 제기능을 못할 경우 암을 억제하지 못하므로 우리가 암에 걸릴 수 있다.

일단 암세포가 생기면 세포분열에 의해 암세포는 한 번 분열할 때마다 2배씩 늘어난다. 결국 늘어난 암세포에 의해 암을 형성한다.

암의 원인은 다시 강조하지만 돌연변이가 그 원인이다. 따라서 돌연변이를 최소화 할 수 있는 방법이 암에 걸리지 않는 방법이다. 돌연변이는 돌연변이원이 없이 정상적인 세포분열에서도 일어난다. 그 확률은 각 유전자 당 100만-1,000만 번 당 1번꼴(10^{-6}~10^{-7})이다. 일생 동안 우리는 10^{16}번 정도 세포분열을 하므로 각 유전자 당 돌연변이가 일어날 가능성은 10억~100억 번 이나 된다. 암이 걸리지 않는 것이 이상할 정도이다. 우리가 암에 잘 걸리지 않는 이유는 대부분의 암이 단 한 개의 유전자 돌연변이에 의한 것이 아니라 여러 개의 돌연변이를 필요로 하기 때문으로 몇 년 혹은 수십 년에 걸쳐 돌연변이가 누적되어야 암에 걸리기 때문이다. 통상 대장암, 유방암, 전립선암 등은 수십 년간 누적되어야 발생한다고 한다. 암이 세포분열에 의해 생기므로 세포가 분열하는 부위는 어느 부위에나 암 발생이 가능하다.

암세포는 단 하나가 생김으로서 시작이지만 세포는 한 번 분열할 때마다 2배씩 늘어난다. 단 30번만 분열하여도 2^{30}배, 즉 약 10억 개가 되고 이는 지름이 약 1cm에 무게가 약 1그램 정도 된다. 이 정도는 되어야 검사에서 암으로 진단이 가능해진다. 약 40번 정도 분열하면 약 1조개에 이르고 무게가 약 1킬로그램 정도 되므로 이전에 그 사람은 이미 죽었을 것이다. 물론 이것은 단순 계산이고 실제로는 암세포 덩어리가 어느 정도까지 커지면 영양분과 산소를 원활히 공급받지 못해 암 덩어리가 더 커지지 못하고 혈관이나 림프를 통해 다른 장기로 옮겨가는데 이를 "전이"라고 한다.

암은 유전병인가

암이 돌연변이에 의한 것이지만 이는 체세포 돌연변이에 의한 것이며 생식세포의 돌연변이가 아니므로 자식세대로 바로 유전되지는 않는다. 그러나 암환자의 친척들이 암 발생 빈도가 높은 것은 사실이다. 그 이유는 유전적 환경적 요인이 복합적으로 작용하기도 하지만 암 발생에 여러 유전자의 변이가 요구되는 것도 그 원인이다. 즉 일부 집안의 경우 암 발생에 요구되는 유전자 중 일부에 이미 돌연변이를 가진 채 태어날 수 있다. 따라서 **암이 많이 발생하는 집안의 사람은 식품선택과 생활습관(예로 담배, 과음 등)에 다른 사람들보다 더 많은 주의를 해야 한다.**

최근 유명 여자배우 안젤리나 졸리는 선제적으로 유방을 절단하고 성형을 하여 세계적인 뉴스가 된 적이 있다. 유방암의 경우 서구적 식단에 의한 고지방이 그 요인 중 하나라고 생각되지만 17번 염색체의 BRCA1과 13번 염색체의 BRCA2 유전자 돌연변이가 결정적으로 중요하다. 아마도 졸리는 그 유전자에 돌연변이가 있는 것으로 추정되는데 다소 쇼킹한 뉴스였다.

위암의 경우는 우리나라, 일본, 중국 등 아시아인에게 많이 발생하는데 서구에서의 발생률은 상대적으로 낮다. 최근 위암 유전자가 발견되었는데 이 유전자에 돌연변이가 있으면 위암에 걸릴 확률이 70-80%에 달한다고 한다.

그러나 자궁경부암의 경우는 인간파필로마 바이러스에 의한 것으로 유전성은 매우 낮고 첫 성경험 연령이 낮을 경우와 위생 상태가 나쁠 경우, 성생활 파트너가 많을 경우, 매독 등 성병을 앓은 경우 많이 발생한다고 한다. 따라서 일종의 전염병이라고 볼 수 있다.

암의 조기진단은 엑스레이, 초음파, 내시경, CT, PET, MRI 등의 방법을 사용하여 조기 진단할 수 있지만 암 발생과 관련된 유전자들이 알려짐에 따라 유전자 검사를 통한 암 발생 가능성 진단도 가능해졌다. 유전자 검사를 통한 암 진단 가능성은 아직 한계가 있고, 암 발생은 많은 부분 식생활과 연관이 있으므로 암에 걸리지 않으려면 좋은 음식을 골라 먹는 식생활 개선이 우선적으로 요구된다.

암을 예방하는 식품

암 발생의 약 35% 정도는 식습관에 기인된 것이라고 한다. 예로 짜게 먹으면 위암의 확률을 높이고 고지방식은 대장암, 유방암 등의 확률을 높인다. 고지방식의 경우 지방 자체가 돌연변이를 유발하는 것은 아니나 암세포가 증식하는 데 유리한 환경을 제공해준다고 한다. 따라서 좋은 음식을 먹는 습관을 붙이는 것은 암을 피할 수 있는 좋은 방법이다.

견과류에 핀 곰팡이, 착색료, 착향료, 산화방지제 등의 식품첨가물, 식품가열 중 생기는 아미노산 변이물질(특히 튀긴 육류) 등은 돌연변이원으로 작용할 수 있는 물질들이다.

암을 억제하는 식품을 살펴보자. 많은 경우 암을 억제하는 식품에 관한 정보는 대개 「어떤 암에 어떤 음식이 좋다」는 식이다. 예로 당근은 폐암, 유방암, 대장암에 좋다는 등이다. 그러나 암 발생은 여러 단계를 거치고 어떤 식품이 어떤 단계에 어떤 방법으로 좋다는 것인지 명확하게 밝혀진 것은 거의 없다. 또 어떤 음식을 먹고 완치되었다는 스토리들도 대개는 암 확정 여부가 의심스럽고, 대개는 수술과 암 치료를 병행하면서 식품을 보조로 사용한 경우가 많다. 식품만으로 이미 발생한 암이 완치될 것이라고 생각하면 오산이다. 다만 좋은 식습관은 암을 미리 예방하는 효과는 있을 것이다.

우선 발암원이 유전자와 결합하고 유전자 발현이 시작된 후 활성화 단계를 거쳐 암유전자 발현이 활성화되고 더 진행되어 마침내 암이 된다. 암 억제 식품으로 알려진 일부 식품들은 발암물질 또는 발암물질 전구체와 복합체를 형성하여 몸 밖으로 배출함으로써 암 발생을 떨어뜨린다. 대표적으로 야채와 식이섬유, 유산균체가 가진 다당류물질 등을 들 수 있다.

또 발암물질을 분해하거나 화학적으로 활성산소를 제거하여 발암물질의 활성을 억제하는 것도 있다. 비타민 C나 야채주스 등 항산화물질들이 그런 작용을 한다.

카로티노이드나 폴리페놀, 녹황색 채소나 사과 등의 과일, 메밀, 해조류, 난황 등은 초기단계에서 암을 억제한다고 한다.

향료로 사용되는 바닐린은 돌연변이를 억제한다고 알려져 있다. 마늘, 양파 등은 과산화효소를 저해하고 당근, 호박, 시금치, 양배추, 양파, 가지, 브로클리, 양상추, 감귤, 딸기, 버섯과 대부분의 식물성 식품도 암을 억제한다.

나열하다보니 **결국 항암음식은 대부분 야채와 과일, 버섯 등으로 요약된다.** 그러나 암에 좋다고 이 음식들만 먹을 수는 없는 것 아닌가. 결국 편식하지 말고 모든 음식을 골고루 조금씩 잘 익혀서 먹으면 되겠다.

채식 열풍

최근 여러 경로를 통한 정보에 의해 채식을 하는 사람들이 많이 있다. 수년 전 채식 열풍에 대한 방송이 나가고 나서 축산물의 소비가 절반 이하로 떨어지자 축산 농가와 전국농민단체협의회가 크게 반발하여 시청자의 요청에 따른 재방이 무산된 적이 있다.

사실 육식은 에너지 효율 면에서는 매우 비효율적이다. 현재 전체 곡식의 약 1/3이 사료로 소비된다는 통계도 있다. 또 소 1만 마리를 방목할 경우 나오는 폐기물이 인구 11만 도시의 쓰레기양과 비슷하다고 추정하는 사람도 있다. 최근 자연을 추구한다는 자연생태주의와 맞물려 채식은 이제 큰 트랜드가 된 것 같다. 그러나 채식을 실천하려면 다음 몇 가지 사항을 잘 지켜야 한다.

우선 "채식만으로 몸을 유지할 수 있을까"라는 물음이다. 답은 yes 이다. 그러나

첫째, 필수아미노산과 무기질의 결핍 가능성을 항상 염두에 두고 가능한 여러 종류의 곡물을 함께 먹도록 해야 한다. 예로 콩의 경우 앞서 단백질 부분에서 언급한 것처럼 필수아미노산 여덟 가지 중 메치오닌methionine이 부족하다. 이에 비해 옥수수는 필수아미노산 여덟 가지 중 트립토판tryptophane과 라이신lysine이 부족하다. 그러나 콩과 옥수수를 함께 먹으면

필수아미노산 부족 문제는 해결된다. 서로 보완해 주기 때문이다.

둘째, 전체 열량의 약 20% 정도는 지방으로 섭취하도록 한다. 채식만 고집할 경우 지방의 섭취가 절대적으로 부족할 가능성이 크다. 지방이 부족할 경우 지용성 비타민이 결핍될 수 있고 면역력도 많이 떨어진다.

셋째, 고기를 피하는 경우 우유 또는 계란에 알러지allergy가 없다면 우유와 계란을 함께 섭취하도록 한다. 우유와 계란은 단일식품으로는 20가지 아미노산이 골고루 들어 있는 가장 이상적인 식품이기 때문이다.

넷째, 성인병 등 심각한 건강상의 문제로 채식을 할 수도 있으나 청소년, 임산부, 수유중인 산모, 노인의 경우는 심각한 건강 장애가 올 수 있으므로 가능한 채식만의 식사는 하지 않는 것이 좋다.

다섯째, 다소 논란이 있는 부분으로, 특히 유기농 채소의 경우 식물 자체에 많은 질소(아질산 염)가 발암성 물질인 니트로사민nitrosamine을 형성하여 이로 인한 위암 가능성을 제기하는 사람도 있으나 식물의 질소는 문제가 되지 않는다는 보고도 있다. 유기농채소만 고집할 일도 아니다.

CHAPTER 09

식품첨가물

식품첨가물은 안전한가

⋮

카제인나트륨은 화학합성품인가

⋮

사카린은 발암성 물질인가

⋮

MSG는 몸에 해로운가

⋮

우리나라에서는 어떤 식품첨가물이 허용되나

식품첨가물은 야누스처럼 두 개의 얼굴로 우리에게 다가온다. 현대인의 요구에 딱 맞는 조건들, 즉 신속성, 가격파괴, 편리성 등의 긍정적 측면과 안전성에 관한 우려, 정보의 불확실성 등의 부정적 측면이 그것이다.

식품위생법에 의하면 식품을 제조, 가공 또는 보존을 함에 있어 식품에 첨가, 혼입, 침윤, 기타의 방법에 의해 사용되어지는 물질로 정의하고 있다.

FAO와 WHO 합동위원회Joint FAO and WHO Expert Committee on Food Additives에 의하면 식품의 외관, 향미, 조직 또는 저장성을 향상시킬 목적으로 보통 적은 양이 식품에 첨가되는 비영양물질로 정의하고 있다.

Codex(국제식품규격위원회)의 정의에 의하면 식품첨가물은 식품의 일반적인 구성성분이 아니며 사람이 보편적으로 취급하지 않는 물질로서 식품의 저장, 수송, 포장, 충진, 처리, 가공, 제조에 기술적 목적으로 식품에 의도적으로 첨가한 물질이며 그 물질 자체 또는 그 부산물이 직접, 간접적으로 식품의 구성성분이 되거나 독성에 영향을 미칠 것으로 예상되는 물질이라고 한다.

이 모두를 종합하면 식품첨가물이 어떤 목적을 가진 물질인지가 명확해진다. 식품첨가물이란 식품이외의 성분으로 식품의 기능, 수명, 품질, 식품으로서의 가치를 증진시키고 식중독 등을 방지하기 위해 첨가하는 물질을 말한다.

식품첨가물은 논란이 많은 물질이다. 인체에 해로우므로 절대 사용하면 안 된다는 주장과 법적인 허용범위 안에서는 사용해도 문제가 없고 오히려 식품기능 향상, 유통기간 연장, 저장성 향상을 가능하게 해주는 마법의 물질처럼 보는 견해도 있다.

식품첨가물의 첨가는 의도적인 경우가 일반적이나 의도하지 않은 경우도 있다. 그러나 어떤 경우이든 식품첨가물은 다음 조건을 구비해야 한다.

* 인체에 유해하지 않을 것
* 사용목적에 따른 효과를 소량 첨가로 달성 가능해야 할 것
* 식품제공가공 공정이나 보존에 필수적인 경우에만 사용할 것
* 식품에 첨가 시 기존 식품 중의 맛과 영양가 보존 가능
* 식품에 부정적인 이화학적 변화를 주지 말 것
* 사용량의 확인이 가능할 것
* 식품의 외관을 좋게 하되 식품에는 변화를 주지 않을 것
* 식품소비자에게 어떤 형태로든 이익이 될 것

이중 문제가 되는 부분은 첫 번째 지적한 안전성 문제와 여섯 번째 지적한 사용량 확인의 문제이다. 따라서 안전성에 대한 이슈는 크게 다루어져야 할 문제이다.

우선 식품첨가물의 사용을 전면 중단한다면 어떤 일들이 벌어질지 한 번 상상해보자. 식품과학자들은 다음과 같이 예상하고 있다.

1) 가공식품의 보존기간이 단축되어 식품의 폐기량이 증가할 것이다.
2) 식품보존이 제대로 되지 않아 식중독 사고 발생이 급증할 것이다.
3) 신제품 개발 및 가공식품의 다양성이 위축될 것이다. 예로 유화제가 필요한 마가린이나 질산염과 아질산염이 필요한 햄은 생산될 수 없고, 다이어트 식품의 개발 등도 부진할 것이다.
4) 식품산업이 위축되고 제조원가가 상승할 것이다. 따라서 소비자는 비싼 가격을 지불해야 할 것이다.
5) 제품의 보존기간이 짧아지므로 수입가공 제품의 수입이나 수출이 어려워지고 제품의 유통기간 문제를 둘러싸고 통상마찰이 증가할 것이다.

여러분도 공감하는가?

아니면 어떤 분은 식품첨가물이 없다면 각종 가공식품이 사라져 건강에 좋은 천연식품만 있는 천국이 될 것이라고 예상하는가?

공감하든 공감하지 않든 우리는 현실적으로 식품첨가물을 피할 수 없다. 마치 IT가 발달하다 보니 정보유출 같은 사건이 발생하지만 컴퓨터, 스마트폰 없는 세상으로 돌아갈 수 없는 것과 유사하다.

물론 상당수의 식품첨가물은 우리가 노력하면 줄이거나 퇴출시킬 수 있을 것이다. 그러나 소비자에게 돌아오는 편이성, 영업이익과 판매전략, 소비자의 무관심 등이 복합되어 법으로 식품산업 현장에서 이들을 없애기는 쉽지 않을 것 같다. 아마도 유일한 방법은 소비자들이 뭉쳐 각종 식품첨가물이 많이 첨가된 식품은 퇴출시키는 것이 가장 좋은 방법이 될 것 같다.

그러나 식품첨가물은 일부 언론 및 소비자 단체 등의 비과학적이고 선정적인 보도로 인해 식품첨가물이 첨가된 식품의 안전성에 대해 소비자들이 막연히 불안해 하는 것도 사실이다. 그래서 우리가 첨가물에 대해 정확히 알고 이에 대처하는 지혜가 필요하다.

식품첨가물과 의약품은 크게 다음과 같은 공통점과 차이점이 있다. 우선 공통점으로는 소량을 인위적으로 사용하되 안전성을 검토한 후 사용해야 하는 것이다. 그러나 식품첨가물이 일반인이 알지 못한 채 평생 섭취할 가능성이 있다면 이에 비해 의약품은 1) 대체로 환자가 먹는 약의 경우 약을 먹는 다는 사실을 잘 알고 있고, 2) 치료를 목적으로 효과가 있는 양을 한시적으로 사용할 뿐만 아니라 독성이 있다 하더라도 치료효과와 비교하여 긍정적 효과가 클 때만 사용을 한다는 점 등일 것이다.

우리나라의 경우 1962년에 217종목 지정하여 허가하였으나 2012년 6월 현재 598종목이 식품공전에 지정되어 있는데 이중 화학합성품이 403품목이고 천연첨가물이 195품목이다(http://www.kfda.go.kr/fa/index.do).

표시방법도 변화되어 2006년 9월 이전에는 대표적인 것 다섯 개만 표시하면 되었으나 이 시점을 경계로 현재는 전부 표시하되 많은 성분 혼합 시 따로 표시하는 것이 가능하다.

다음 68품목은 일본, EU, 미국, Codex가 공통으로 사용하는 것으로 명칭과 용도를 함께 표시한다.

합성감미료 6
합성착색료 23
합성보존료 14
산화방지제 10
표백제, 합성보존료, 산화방지제 6
표백제, 합성살균제 4
합성보존료, 발색제 3
향미증진제 2

식품첨가물은 안전한가

식품첨가물의 안전성은 식품첨가물에 대한 가장 기본적인 질문이다. 이에 관한 답은 **"대체로 기준 범위 내에서는 안전하지만 과용 또는 오용 시에는 위해하다"**이다.

현재 사용되는 식품첨가물 중에는 약 1/3이 천연물이고 나머지 약 2/3는 인공합성물이다. 인공적으로 합성된 식품첨가물은 엄격한 독성 시험을 거쳐 정부 기관이 승인한 것들이다. 따라서 승인된 식품첨가물이라 하더라도 사용대상 식품과 사용량이 제한되어 있다.

식품첨가물의 안전성 검토와 그 평가에 관한 문제는 식품첨가물의 독성여부에 달려 있다. 일단 실험용 동물에 많은 양을 먹여 1-2주간 50% 치사량을 관찰하는 급성독성시험과 동물수명의 대략 1/10기간(흰쥐의 경우 1-3개월)정도 관찰하는 아급성독성시험, 2년 정도 관찰하는 만성독성시험 등을 거쳐 일단 동물에 대한 안전양을 구한다. 동물에 대한 안전양이 구해지면 동물보다 10배, 그리고 개인차(노인, 임산부, 환자)를 고려하여 다시 10배의 안전계수를 적용하여 동물보다 100배 적은 양만 허용하는 것으로 설정하는 것이 일반적이다. 그러나 전문가에 따라서는 200배, 500배, 1,000배를 적용해야 한다고 주장하기도 한다.

필자는 1,000배 주장이 일리가 있다고 생각하는데 그 이유는 특정 가공식품에 사용되는 식품첨가물이 한 가지만 사용되는 것이 아니라 여러 가지가 복합적으로 사용되기 때문이다.

우선 식품첨가물을 용도별로 보면 표 2와 같다.

식품첨가물은 식품의 효용을 향상시키기 위해 인위적으로 첨가하는 것이다. 따라서 일반인들은 인공적으로 합성한 화합물을 식품에 첨가하므로 당연히 몸에 해롭다고 인식한다. 그러나 **식품첨가물 중에는 천연물도 있고 우리가 오랜 세월 사용해 왔음에도 별다른 문제가 없어 안전한 것으로 생각되는 것들도 있다.**

표 2 식품첨가물의 용도별 분류 및 예

종류	사용목적	대표적 첨가물
조미료	식품의 맛 향상을 위한 첨가물	MSG, 핵산조미료 등
산미료	식품에 산미부가	구연산 등
감미료	식품에 단맛 부여	아스파탐, 스테비오사이드 등
착향료	식품가치 증진을 위해 첨가된 방향물질	바닐린 등
유화제	물과 기름같이 섞이지 않는 물질을 균질하게 섞어주거나 유지시켜주는 물질	레시틴 등
보존료	미생물에 의한 변질을 방지하여 식품의 보존기간을 늘려주는 물질	안식향산, 소르빈산 등
살균제	미생물을 단시간 내에 사멸시키기 위해 첨가	차아염소산나트륨 등
산화방지제	지방의 산패, 색상 변화 등 산화로 인한 식품품질저하를 방지	BHA, BHT 등
착색제	식품에 색소를 부여하거나 복원하기 위해 첨가되는 물질	식용색소 적색2호 등
발색제	식품에 존재하는 색소와 결합하여 그 색을 안정시키거나 선명하게 하는 물질	질산칼륨, 아질산나트륨 등
표백제	색소를 파괴하여 희게 하거나 착색 전에 표백하여 완성품의 색을 좋게 하기 위함	아황산나트륨 등
밀가루개량제	빵의 품질이나 색을 증진시키기 위해 밀가루나 반죽에 추가	과산화벤조일, 과황산암모늄 등
증점제	식품의 점성을 증가시키기 위해 첨가	알긴산나트륨, 카제인 등
강화제	식품에 영양을 강화하기 위해 사용	비타민류, 아미노산류 등
소포제	거품을 없애기 위함	규소수지 등
결착제	주로 식육제품에 결착성을 높여 촉감향상을 위해	인산염 등

예로 한천이나 젤라틴이 그렇고 또 감초, 포도당, 과당 등이 그러하다. 또 구연산, 젖산 등의 산미료와 솔비톨, 스테비오사이드, 캐러멜색소, 잔탄검, 구아검, CMC(카복시메틸셀루로스) 같은 것들도 필자가 보기에는 안전상 별 문제는 없는 것들이다.

그러나 모든 첨가물들이 안전하다는 것은 아니고 타르 계통의 색소의 경우 원료 자체가 골타르이므로 거부감을 주는 것은 사실이고 실제로 사용허가 났다가도 취소된 경우가 있다. 또 합성보존료로 사용되는 안식향산, 산화방지제로 사용되는 BHA, 발색제, 표백제, 밀가루 개량제 등도 많이 사용될 경우 건강에 해로운 것들이다.

가끔 매스컴 등이 오도하는 경우도 있으며 매스미디어에서 잘못된 내용을 보여 줄 경우 대부분 이를 바로잡아주는 역할이 없어 소비자는 그릇된 정보를 수용할 수밖에 없다. 실상 소비자들은 수소이온, 항산화, 효소 등의 간단한 용어 등의 의미를 정확히 이해하지 못하므로 혼란이 올 수밖에 없다.

우리가 기본적으로 인정해야 할 것은 식품첨가물로 인해 생활이 편리해졌다는 사실이다. 과학이 가져오는 속성 중 하나이다. 각 가정에서 사용하는 간장, 된장, 라면, 각종 과자, 스낵 제품, 각 패스트푸드점 등에서 싸고 빠른 서비스가 가능한 것도 식품첨가물의 힘이다. 따라서 사용이 허가된 양이 인체에 해를 주지 않는 범위 내 사용은 도움이 될 수도 있다는 점은 인정하자. 그러나 문제는 많이 먹어 좋을 이유가 없는 합성 식품첨가물이 각 식품에 얼마나 들어 있는지에 대한 정확한 정보가 제공되지 않는 데 있다.

사실 현행 표시방법으로는 소비자가 자신이 먹는 식품첨가물의 종류와 양을 정확히 파악하기 어렵다. 이유는 다음과 같다.

첫째, 일괄표시가 가능하기 때문이다. 예로 산미료, 착향료, 감미료 등의 경우 몇 가지씩 섞어서 사용할 경우 각 품목을 일일이 표시할 의무가 없기 때문에 사용한 내역을 우리로서는 알 길이 없다.

둘째, 이미 가공을 한 번 거친 재료를 사용하여 다른 제품을 만들 경우 그 내용을 일일이 표시하지 않아도 되기 때문이다. 예로 어떤 스낵제품을 제조하면서 간장이나 카레분말을 사용하였다면 사용된 간장이나 카레 분말제조 할 때 사용한 식품첨가물에 대해서는 표시 의무가 없이 단지 간장 또는 카레분말로 표시해 주기만 하면 되기 때문이다. 예로 맥도날드에서 사용하는 토마토케첩의 경우 뒷면의 표시를 읽어보면 정제수, 토마토페이스트(토마토) 25%, 백설탕(설탕), 식초, 정제소금, 양파분말, 고추분, 딜오일이라고 적혀 있다. 이 경우 토마토 페이스트에는 이를 제조할 때 어떤 식품첨가물이 들어간 것인지 우리로서는 알 방법이 없다.

셋째, 최종 제품에 식품첨가물이 남지 않는다고 판단될 경우 표시의무가 없다. 예로 어떤 식품에 표백제를 사용하여 표백하였다 하더라도 이를 깨끗이 씻어내어 최종제품에 표백제가 남아 있지 않다고 판단된다면 표시하지 않아도 된다.

넷째, 껌처럼 포장의 크기가 너무 작아 표시가 어려울 경우 일일이 표시하지 않거나 너무나 작은 글씨로 표시되어 있어 읽기가 매우 어렵다.

다섯째, 즉석 제조품의 경우 표시의무가 없으므로 우리는 식품첨가물의 사용을 알 수 없다. 예로 길거리에 많이 파는 호떡, 닭강정의 경우 바삭한 것을 좋아하는 심리를 이용하여 기름에 쇼트닝을 섞을 경우 우리는 알 길이 없다. 쇼트닝은 전형적인 트랜스지방 덩어리이다.

이 같은 이유로 돈을 내고 사먹는 소비자가 그 내용을 모른 채 공급자의 의도대로 끌려 다니는 이상한 상황이다.

카제인나트륨은 화학합성품인가

최근 커피에 첨가된 카제인casein 성분에 대해 천연물인지 합성품인지 헷갈리게 하는 광고들이 있었다. 식품공전에 의하면 카제인나트륨은 화학합성품으로 분류되나 화학적으로 합성한 것이 아니다. 카제인이 우유에서 분리한 것이기 때문이다. 다만 분말로 만들어 수용성을 부여하기 위해 나트륨염 형태로 생산하며 식품제조 및 가공 시 유화제, 안정제의 용도로 사용한다. 카제인나트륨은 FAO/WHO 산하 식품첨가물 전문가위원회(JECFA)에서 일일섭취허용량을 정할 때 사용에 제한을 두지 않을 정도로(Not Limited로 평가) **안전한 품목**이고 따라서 CODEX, EU, 미국, 일본 등에서는 **사용대상, 사용량에 제한이 없다.** 화학합성품이라는 용어는 소비자의 거부감을 유발하므로 식품공전 식품첨가물의 분류를 새로 해야 할 것 같다. 이런 식의 노이즈 마케팅은 식품업계를 위해서도 별로 좋은 방법은 아닌 것 같다.

사카린은 발암성 물질인가

사카린이 인간에게 방광결석이나 유방암을 유발할 가능성이 있다는 논란이 있었다. 1977년 캐나다에서 행한 실험에서 쥐rat가 사카린을 과량 섭취 시 방광암에 걸렸다는 것이다. 그러나 이후 FAO와 WHO 합동으로 구성된 식품첨가물 전문가위원회가 인간에게는 발암성이 없는 것으로 재평가함으로써 2000년 미국의 발암성 물질 목록에서 삭제되었다. 또한 사카린은 체내 축적도 되지 않는다고 한다. 기준범위 내의 소량 섭취는 아무 문제가 없다는 것이다. 그러나 쥐에서 방광암을 유발했다는 것은 안전하다는 평가에도 불구하고 사용하기엔 다소 불안감을 주는 것이 사실이다.

MSG는 몸에 해로운가

글루타민산나트륨 MSGmono sodium glutamate에 대한 유해성 논란은 1960년대 미국 로스앤젤레스의 중국요리증후군Chinese cuisine syndrome으로부터 출발한다. 미국 로스앤젤레스와 샌프란시스코 지역은 동양인이 많이 몰려산다. 따라서 이 지역에 사는 백인들도 동양음식에 익숙하였고, 특히 중국집 요리는 중산층 사람들의 외식에서 가격대비 만족도가 높은 음식이었다. 그러나 병원을 찾은 많은 사람들에게 일시적으로 가슴이 두근거리고 숨이 차며 가슴에 통증이 오고 목이 부은 느낌의 공통된 증세가 있었고 별 다른 치료 없이도 회복은 되었으나 이 사람들 중 당시에 중국음식점 출입이 빈번했던 사람이 많은 점을 들어 중국요리에 많이 들어가는 MSG가 원인물질일 것으로 지목받았다. 그러나 그 후 계속된 연구에도 불구하고 MSG와 그 증세간의 연관성을 밝혀내지 못해 **UN의 식품첨가물 합동위원회(JECFA)와 미국 FDA는 인체에 무해하다고 결론내렸다.**

사실 MSG 성분인 글루타민산은 일반 단백질식품인 유제품, 육제품, 어류 중 특히 멸치, 채소 등에도 다량 존재하고 체내 대사도 일반 아미노산인 글루타민산과 같으나 MSG는 단지 나트륨과 함께 염의 형태로 판매할 뿐이다. 흰색의 결정성 분말이고 열과 빛에 안정하다. 맛을 내는 최저농도는 0.03% 정도이고 핵산조미료와 함께 사용하면 맛의 상승효과가 크다.

우리나라의 경우 신생아 제품에 MSG의 사용을 금지하고 있으나 이는 안전성의 문제라기보다 향미 증진이 필요 없기 때문이다. 또 전문가들은 민감체질 과민반응 문제도 지극히 주관적이라고 보고 있다.

MSG 제품은 처음에는 해조류에서 추출하였으나 지금은 미생물 발효에 의해 생산된다. 최근 여러 TV 채널에서 MSG가 나쁘다는 인상을 갖게끔 너무 과하게 유도한 것 같다. 조금씩 먹는 것은 문제가 없다고 생각된다. 너무 MSG에 민감하게 반응하지 말자.

우리나라에서는 어떤 식품첨가물이 허용되나

우리나라에서는 1962년 식품위생법이 제정된 이래 많은 품목이 삭제 또는 추가되어 2012년 현재 598종이 허가되어 있다. 이중 일반인들이 관심 있을 만한 것을 위주로 살펴보자.

착색료

착색료에는 인공적으로 착색하기 위해 사용하는 물질과 천연추출물이 있다. 주로 안정성stability과 착색성이 좋은 인공착색료를 많이 사용해 왔으나 인공착색료의 안전성safety 문제가 대두됨에 따라 천연 색소의 사용이 증가되고 있다. 천연 색소는 인공 색소에 비해 가격이 비싸고 안정성과 착색성이 좋지 않으나 안전하고 색조가 자연스럽다.

인공착색료로는 타르 색소 14종과 타르 계통이 아닌 9종이 사용되고 있다. 타르 색소란 말 그대로 석탄 또는 석유가공 중 만들어지는 콜타르 성분으로부터 제조한 색소이다. 종류가 많으나 이중 비교적 독성이 적은 것만 골라 식용 색소로 지정하였다. 모두 물에 잘 녹고 작은 양으로도 선명한 색을 낼 수 있어 식품가공업자들이 선호한다. 예로 식용 색소 녹색 3호, 식용 색소 적색 2호 등이 있다.

왜 굳이 이런 색소를 사용할까?

천연 색소는 종류가 적고, 색깔이 쉽게 변색되지만 타르 색소는 색깔이 선명하고 다채로운 색을 싼 가격에 쉽게 낼 수 있기 때문이다.

모든 식품에 타르 색소가 허용된 것은 아니고 다음 식품들은 타르 색소 사용이 금지되어 있다. 타르 색소 사용이 금지된 식품으로는 면류, 단무지, 특수영양식품, 건강보조식품, 가공유, 두유, 유산균음료, 과채류음료, 인삼제품, 묵류, 젓갈류, 천연식품(식육, 어패류, 과실류 및 그 단순가공품), 벌꿀, 장류, 식초, 소스, 케첩, 잼, 고춧가루 및 실고추, 후춧가루, 카레, 식육제품(소시지 제외), 어육연제품(소시지 제외), 식용유지, 버터, 마가린, 김치류, 클로렐라, 효소식품, 차, 식빵, 마멀레이드, 해조류 및 그 가공품, 유 및 유제품(아이스크림 제외) 등이 있다.

사용허가가 난 타르 색소가 안전성이 확인된 것이라 하더라도 기능한 타르 색소가 들어간 식품은 먹지 말자. 특히 학교 주변 문방구에서 판매하는 불량과자에 타르 색소가 들어간 제품이 많다.

타르 색소가 아닌 인공착색료로는 황산동, 베타카로틴 등이 있다. 천연착색료로는 아나또 색소, 치자 색소, 홍국 색소, 클로로필, 캐러멜 색소 등이 있다. 아나또 색소는 치즈, 버터, 마가린 등에 오래 전부터 사용되어 왔다. 착색성은 좋으나 빛과 열에 불안정한 편이다. 치자 색소는 착색성이 좋고 안정하여 오래 전부터 사용되어 왔다. 단무지 등에 사용된다. 홍국 색소는 홍국균Monascus purpureus, Monascus anka이 생산하는 색소로 적색, 자색 및 황색 색소가 있다. 홍국 색소는 빛에는 불안정하나 열에는 안정하므로 토마토 케첩, 수산연제품, 조미료, 프레스햄 등에 사용되고 있다.

발색제

발색제란 자신이 직접 색을 내는 것이 아니라 식품의 색소와 반응하여 색을 내거나 색을 안정시켜주는 물질이다. 발색제에는 육류발색제, 육류발색보조제, 식물색소발색보조제가 있다.

정육점의 고기저장소에는 붉은 색 등이 켜져 있다. 고기가 좀 더 붉게 보이기 위함이다. 햄, 소시지 제품 등도 붉은 색을 띠고 있다. 그러나 기본적으로 고기에서 붉은색을 내는 헤모글로빈과 미오글로빈은 공기 중의 산소로 인해 시간이 지나면 붉은 색에서 암갈색으로 바뀌고 더 시간이 지나면 검게 느껴질 정도가 된다. 이 경우 고기는 외관상 상품성이 떨어진다. 이 때문에 식품가공업자들은 발색제와 발색보조제를 사용하게 된다. 육류발색제의 대표적인 것이 아질산기를 가진 화합물들로 질산칼륨, 질산나트륨, 아질산나트륨이 있고 이를 도와주는 것이 육류발색조소인 L-ascorbic acid, sodium L-ascorbate, 니코틴산, 니코틴아마이드 등이다. 다만 수산제품의 경우 제2급 아민이 많으므로 이 경우 아질산염과 반응하여 발암물질인 니트로사민nitrosamine을 생성하므로 질산염 제품의 사용이 금지되어 있다.

식물성색소 발색보조제는 과일, 채소 등에서 발색을 촉진하는 물질이다. 황산제1철이 많이 사용되는데 안토시안계 색소와 결합하여 선명한 청록색을 낸다. 발색제가 들어간 식품도 가능한 먹지 말자.

표백료

색소를 파괴하여 흰색으로 만들거나 다른 색소를 착색하기 전에 일단 표백하는 데 사용하는 첨가물로 아황산나트륨, 차아황산나트륨, 무수아황산, 과산화수소 등이 사용된다. 표백해서 건강에 좋을 것이 있겠는가?

밀가루개량제

제분을 한 바로 직후의 밀가루는 카로티노이드 색소가 들어 있고 제빵성도 나쁘다. 따라서 밀가루의 품질 개선을 위해 과산화벤조일

benzoyl peroxide, 브롬산칼륨potassium bromate 등의 밀가루개량제를 사용하게 된다.

과산화벤조일은 카로티노이드 색소를 산화시켜 표백효과를 내지만 과량으로 사용하면 비타민 손실이 생기고 제빵성도 오히려 나빠진다. 브롬산칼륨은 표백력은 약하나 글루텐 단백질을 산화하여 반죽의 탄력성과 제빵성이 좋아진다. **빵은 밀가루개량제 뿐 아니라 혈당을 빨리 높이는 식품이므로 별로 좋은 음식이 못된다.**

착향료

착향료는 식품에 향을 주기 위해 사용하는 첨가물로 식물에서 얻어진 천연향료와 합성향료가 있다. 천연향료는 안전하지만 인공향료에 비해 가격이 비싸다. 천연향료로는 에센셜 오일essential oil이 많이 사용된다. 합성향료는 천연향료와 동일한 성분을 합성하거나 자연에 존재하지 않는 새로운 합성물이다. 그러나 식품에 사용되는 향료의 대부분은 천연향에 가깝게 만든 모방향료imitation flavor인데 **천연향료와 합성향료를 적절히 혼합한** 것으로 향이 오래 지속되고 가격도 저렴한 편이다. **일반적으로 표시에 착향료라고 되어 있는 것은 여러 가지 향을 복합적으로 사용했다는 의미이다. 이런 식품은 가능한 피하자.**

감미료

단맛을 내기 위해 사용되는 첨가물이다. 단맛을 내는 천연감미료로는 포도당, 설탕, 과당, 당알코올, 아미노산, 펩티드, 황화합물, 스테비오사이드 등이 있고 인공감미료로는 사카린, 아스파탐, 수크랄로스, 아세설팜 등이 있다. 인공감미료는 설탕에 비해 단맛이 강하고 가격이 저렴하면서 칼로리는 없거나 거의 없으므로 현대적 트랜드에는 맞으나 제품에 따라서는 많이 사용할 경우 쓴맛이 나기도 한다.

전통적인 감미료로 가장 대표적인 것은 설탕으로 단맛의 표준물질이다. 감미를 비교할 때 설탕은 기준치 100이 되며 다른 감미료는 설탕에 비교한 감미로 표시한다. 포도당, 과당 등이 여기에 속한다. 문제는 칼로리이다. 때문에 새로운 감미료의 사용이 늘고 있다.

아스파탐aspartame은 단맛이 설탕에 가장 가까운 흰색분말로 단맛은 설탕의 100-200배 정도 된다. 끓이면 원료 아미노산인 두 가지 아미노산(페닐알라닌, 아스파르트산)과 메탄올로 나뉘면서 단맛이 없어진다. 미국은 1981년 건조식품에 1983년 탄산음료에 사용허가 후 사용범위를 확대해왔다. 현재 가열하지 않는 식품인 소주, 탁주, 빙과류, 시리얼, 껌, 청량음료, 아이스크림, 푸딩 등에 사용된다. 일부 연구에서 뇌암 등의 발병 가능성을 제기한 바 있고 페닐케톤뇨증phenylketonuria 환자에게는 사용 금지되어 있다. 미국 FDA는 안전하다는 입장을 고수하고 있다. 미국 FDA는 이상할 정도로 아스파탐에 대해서는 관대하다.

스테비오사이드stevioside는 남미의 파라과이 원산의 국화과 식물인 스테비아의 잎에서 추출한 것으로 남미 원주민들이 오랜 기간 사용해 온 것이다. 따라서 천연감미료 범주에 넣어도 될 것 같다. 흰색 분말로 단맛이 설탕의 200-300배 정도이고 설탕맛과 비슷하면서도 청량한 감을 주나 너무 많이 첨가하면 쓴맛이 있다. 일본이 1977년 산업화하였으며 현재 포카리스웨트, 소주, 빙과류, 음료, 수산제품, 과자 등에 광범위하게 사용되고 있다. 현재까지 거의 무해한 것으로 보이고 사용을 불허하던 미국도 1995년부터는 사용을 허가하고 있다. 건강에 해롭지 않은 안전한 감미료라고 판단된다.

올리고당은 당이 3-8개 연결된 것이다. 예로 프락토올리고당fructooligosaccharide을 살펴보면 설탕에 과당 2-4개를 효소를 이용하여 붙여서 제조하거나 이눌린inulin을 가수분해하여 제조한다. 이 당은 일본의 경우 1990년대 이전부터 기능성 소재로 사용되어 왔으며 프리바이오틱스prebiotics 제품으로 섭취시 장에서 비피더스균을 증가시키므로 유산균, 핫케이크 시럽 등에 이용되고 있다. **건강에 해롭지 않은 안전한 첨가물이다.**

당알코올류의 예로는 자일리톨, 솔비톨 등이 있다. 자일리톨은 볏짚 등의 식물에서 추출한 것으로 구강세균의 성장을 방해하므로 껌 등에 이용하고 있다. 솔비톨은 설탕을 원료로 하여 만든 것으로 당도는 설탕의 약 60% 정도이고 냉동식품의 수분증발방지, 식미향상 등을 위해 사용한다. **건강에 해롭지 않은 안전한 첨가물이다.**

사카린은 물에 잘 녹지 않으므로 나트륨염이나 칼륨염의 형태로 만든 가용성 사카린이 사용된다. 사카린의 당도는 설탕의 300-500배 정도이다. 너무 높은 농도를 사용하면 쓴맛이 난다. 과거 발암성에 대한 논란이 있었으나 1999년 미국 FDA에서 인체에 무해하다고 발표함으로써 **유해성 논란은 일단락되었다. 그럼에도 불구하고 많이 먹을 것은 못된다.** 김치를 제외한 절임식품, 어묵, 청량음료 등에 사용하나 식빵, 이유식, 물엿, 포도당, 꿀, 알사탕 등에는 첨가하지 못한다.

수크랄로스Sucralose는 영국의 Tate & Lyle사와 런던대학이 개발한 감미료로 1998년 미국에서 사용승인이 난 이후 최근 세계 각국에서 사용이 급증하고 있다. 우리나라는 2000년 11월 식품첨가물로 지정 고시되었다. 설탕의 약 600배에 해당하는 단맛을 가지고 있으며 낮은 pH와 고온에서도 안정하여 여러 가지 식품 가공에 적합하다. 원료가 설탕이므로 설탕과 가장 유사한 단맛을 내는 장점이 있다. 대부분의 가공식품에 사용이 가능하므로 음료, 제과, 아이스크림, 발효유, 술, 제빵, 각종 소스류 등에 이용되고 있다. **인공감미료의 대표적인 예이다.**

아세설팜acesulfame은 흰색 결정성 분말로 보통 칼륨염의 형태로 사용한다. 설탕보다 약 200배 정도 달고 물에 잘 녹으며 산, 알칼리, 열에 안정하다. 미국 FDA는 1998년 탄산음료에 사용을 허가했으며 최근 껌 등에도 사용이 허가되었다. **인공감미료의 대표적인 예이다.**

조미료

가장 대표적인 조미료는 MSG와 핵산조미료 등이 있다. MSG는 앞에서 설명했으므로 핵산조미료만 설명하기로 한다. 핵산조미료로는 육류와 어류의 감칠맛 성분인 이노신산5'-IMP과 표고버섯 등의 감칠맛 성분인 구아닐산5'-GMP 등이 있다. MSG와는 다소 다른 맛으로 MSG와 함께 사용하면 감칠맛이 더 좋아지므로 가공식품에 함께 사용한다. 열에 안정한 편이지만 pH가 3 이하에서 장시간 가열하면 향미 증진 효과가 적다. 중국음식에 많이 사용된다.

증점제

식품의 점착성을 높여 먹었을 때 촉감을 좋게 하기 위해 첨가하는 물질이다. 라면 국물의 껄쭉한 느낌을 기억하는가. 바로 그런 느낌을 주기 위해 첨가한다. 알긴산나트륨, 카제인, 한천, CMCcarboxy methyl cellulose 등이 사용된다. **대체로 유해성은 적다고 판단된다.**

결착제

햄, 소시지 등의 연육제품의 결착성을 높여 씹는 느낌이 좋게 하는 첨가제이다. 인산염이 많이 사용되는데 육류단백질의 보수력을 증가시켜 식육제품의 끈기를 좋게 한다. 인산은 칼슘을 잡아먹는 경향이 있다. **유해성이 비교적 높은 첨가물이라고 판단된다.**

유화제

물과 기름은 원래 잘 섞이지 않으나 유화제를 사용하면 가능하다. 보통 유화제는 단독으로 사용하는 것보다 다른 것과 섞어서 사용하면 상승효과를 볼 수 있어 복합으로 들어간 경우가 많다. 일괄표시가 기능하므로 몇 가지가 들어갔는지 모르는 경우가 많다.

콩에서 추출한 대두레시틴 등이 그런 용도로 사용된다. 다른 예로 솔비탄모노스테아레이트sorbitan monostearate, 솔비탄모노올레이트sorbitan monooleate, 솔비탄다이스테아레이트sorbitan distearate 등이 있다.

보존제

미생물의 증식에 의한 부패, 변질을 방지하여 식품의 보존기간을 연장하기 위해 첨가하는 첨가물이다. 우리가 보통 방부제라고 알고 있는 것이다. 안식향산, 안식향산나트륨, 소르빈산 등이 사용된다. 보통 물에 잘 녹을 수 있는 가루 형태이다.

안식향산은 가격이 저렴하고 독성이 약하면서도 우수한 방부력을 가지고 있어 널리 사용된다. 안식향산 자체는 물에 잘 녹지 않아 흰색 결정인 안식향산나트륨sodium benzoate이 많이 사용된다. 안식향산은 간장 등에 사용이 허가되어 있다.

소르빈산은 무색 결정성 분말로 소르빈산칼륨potassium sorbate이 많이 사용된다. 보통 산화방지제나 질산염과 함께 사용한다. 따라서 햄, 소시지, 어묵, 절임류, 간장, 된장, 가공치즈 등에 이용된다.

보존제야 말로 가장 경계해야 할 식품첨가물이다.

살균제

살균제는 단시간에 미생물을 죽이는 것으로 사용이 허가된 것은 표백분, 차아염소산칼슘calcium hypochlorite, 차아염소산나트륨sodium hypochlorite, 디클로로이소시아뉼산나트륨sodium dichliroisocyanurate, 과산화수소 등 다섯 종류이다. 이중 염소가 들어간 염소계 살균제는 유효염소의 산화력에 의해 살균효과를 낸다. 염소계 살균제는 채소, 과일 등을 소독할 때 사용된다. 과산화수소는 표백효과로 인해 표백제로 분류되기도 한다. 미생물을 죽일 수 있는 것이니 잔류될 경우 우리들의 건강에도 정말 해로울 것이다. 최종 제품에 잔류하지 않을 경우 표시를 생략할 수 있으므로 표시되지 않은 경우가 많다. 지나치게 신선하게 보이면 의심해보자.

산화방지제

산화방지제는 수용성과 지용성이 있다. 수용성의 경우는 주로 색소의 산화를 막기 위한 것으로 아스코르브산ascorbic acid이 이용된다. 지방성분이 높은 식품 예로 기름, 버터 등은 유통기간 중이나 보관 중에 산패되어 변질되기 쉬우므로 이를 막기 위해 지용성 산화방지제를 첨가한다. 지용성 산화방지제로는 현재 BHAbutylated hydroxyanisol, BHTbutylated hydroxytoluene, 몰식자산프로필propyl gallate 등이 사용된다. 최근 인공산화방지제의 안전성이 문제가 되면서 천연산화방지제를 사용하고자 하는 경향이 있다. 보존료와 함께 가장 경계해야 할 식품첨가물이다.

영양강화제

식품의 영양적 가치를 향상시키거나 식품가공 중 손실된 영양소를 보충하기 위해 인위적으로 첨가해주는 식품첨가물로 비타민과 무기질 등이 많이 이용된다. 대부분 사용에 제한이 없으나 칼슘제, 요오드, 황산동 등에 대해서는 사용 기준이 있다.

비타민 강화에는 주로 비타민 A와 비타민 D가 많이 사용된다. 비타민 A는 주로 마가린, 소시지, 햄, 유제품, 과자, 밀가루 등에 첨가된다. 토코페롤을 산화방지제로 함께 첨가하는 경우가 많다. 비타민 D는 마가린, 햄, 조제분유 등에 첨가된다.

식품에 첨가되는 무기질로는 칼슘과 철이 대표적이다. 칼슘제는 식품제조 및 가공시 필요하거나 영양 강화 목적에 한하여 사용하되 식품의 1% 이하이어야 하고 된장, 두부, 도넛, 곡물강화용 등으로 사용된다. 철분제는 조제분유, 밀가루, 비스킷 등에 첨가되는데 사용기준은 없다. 그러나 많이 사용하면 금속맛이 나고 탄닌과 결합 시 유색물질을 형성하므로 적갈색 착색이 문제되는 식품에는 사용하지 않는다.

영양강화제의 경우 그 소스source가 무엇인지 우리에게 정보를 공개하지 않는 경우가 대부분이다. 예로 우유에 칼슘을 강화했다면서 달걀껍질을 갈아서 넣었다면 이 칼슘강화 우유는 실험실에서 검사하면 칼슘이 많이 들어 있는 것으로 나타나겠지만 우리 몸에 흡수될 수 있는 칼슘은 거의 없다고 보아야 할 것이다.

식품첨가물은 우리 생활을 편리하게 한다는 측면에서는 현대 문명이 낳은 최대의 발명품이 될 수 있겠으나 우리가 어떤 것을 얼마나 먹는 지도 모르면서 먹게 될 수밖에 없는 구조라면 인류 최악의 발명품이 될 것이다.

모든 식품첨가물이 다 건강에 나쁜 것은 아니다. 그러나 많은 식품첨가물이 알게 모르게 혼입되어 있으므로 우리는 가능한 현명하게 이 상황을 대처하는 수밖에 없다. 해결책은 식품표지를 잘 읽어 보고 가능한 식품첨가물이 적게 들어간 식품을 골라 먹는 방법과 가능한 원재료를 이용해서 집에서 직접 조리해서 먹는 방법밖에 없다. 집에서 직접 조리를 하더라도 각종 간장, 소스, 고추장, 참기름 등을 집에서 만들어 먹기 보다는 사서 먹는 경우가 많으므로 각종 양념, 소스, 참기름 등도 믿을 만한 회사제품의 표시를 꼼꼼히 살펴서 구매하는 수밖에 없다. 이 방법이 우리 건강을 우리가 지키는 방법이다.

식품첨가물에 대한 추가정보는 식약처 홈페이지 http://www.kfda.go.kr/fa/index.do에서 확인할 수 있다.

CHAPTER 10

식품 중의 특수 성분들

커피는 몸에 해로운가

⋮

식품에 들어 있을 수 있는 자연독과 미생물독소

식품 중에는 탄수화물, 지방, 단백질, 무기질, 비타민 외에도 호르몬, 독소, 색소, 향, 맛을 내는 물질, 알칼로이드, 배당체 등 미량의 성분들이 있다.

우선 배당체라고 부르는 물질로 인삼에 많은 사포닌 같은 것이 그 예다. 사포닌은 인삼 외에도 콩, 팥, 시금치 등에도 함유되어 있는데 용혈작용, 점막자극, 혈관수축 등을 일으킨다. 감자의 눈에 있는 솔라닌이란 성분도 배당체의 예로 쓴맛이 있고 중독 시 복통을 일으킨다. 껍질을 벗겨 삶을 경우 문제가 없다.

두 번째는 알칼로이드라는 물질로 카페인이 여기에 속한다. 카페인은 차잎이나 커피콩에 많이 들어있다. 이 물질은 우리 몸의 사이클릭 에이엠피cAMP라는 물질(허기가 질 때 글루카곤에 의해 촉진됨)을 분해하는 효소의 작용을 방해하여 마치 아드레날린이 분비된 것 같은 효과, 즉 흥분상태를 유지해 준다.

이 같은 특수성분 중 몇 가지만 살펴보자.

커피는 몸에 해로운가

커피는 몸에 해로운가? 이에 대한 답은 yes와 no를 함께 할 수 있을 것 같다. 커피가 심장병과 관련이 있다거나 임신 중 많이 섭취하면 태어난 아기가 당뇨로 발전할 가능성이 있다는 등은 이미 증거 없음으로 판명 났다. 좋은 점은 약간의 이뇨작용, 정신을 맑게 해줌 등을 들 수 있으나 위장점막을 자극하므로 위염증세가 있는 사람은 피하는 것이 좋겠다.

디카페인 커피는 커피 중의 카페인을 90% 이상 제거한 커피이다. 카페인을 제거하는 방법은 커피콩을 굽기 전에 수증기를 처리하여 물에 녹는 성분을 제거한 후 말리고 이를 구워 커피 제조에 사용하는 것이다. 두 번째 방법은 염화메틸렌methylene chloride이라는 용매를 사용하여 카페인을 제거한 콩을 사용하는 것이다. 이 용매가 쥐에서 암을 발생한 적이 있어 디카페인 커피의 암 발생 가능성이 제기된 바 있으나 암이 발생하려면 하루에 약 1만 잔의 커피를 마셔야 한다고 한다. 게다가 우리나라의 경우 용매에 의한 방법은 허가되지 않으며 수증기에 의한 방법으로만 생산되므로 암과의 관련성은 없다.

식품에 들어 있을 수 있는 자연독과 미생물독소

식재료에 독성성분이 자연적으로 들어 있을 수 있다. 매년 100명 내외의 사람들이 자연독에 의해 배앓이를 한다. 대표적인 몇 가지만 살펴보자.

복어의 독소는 테트라도톡신tetradotoxin이라는 독소로 복어의 난소, 알, 껍질, 간 등에 많고 근육에 있는 경우도 있다. 산란기 직전인 4-6월에 독성이 가장 강하다. 열에 매우 강해 한 시간을 끓여도 파괴되지 않는다. 매우 강한 신경독소로 섭취 후 30분-4시간 사이에 증세가 나타나며 주로 혀끝마비, 호흡곤란, 언어장애, 지각마비, 복통 등의 증세를 보인다. 2밀리그램 정도 먹으면 죽음에 이를 수 있다.

생콩과 생감자 등에는 단백질 가수분해효소의 작용을 방해하는 물질(트립신 인히비터)이 있어 소화가 잘 안 된다. 동물실험에서 췌장비대와 성장억제 등의 장애가 있었으나 인체에 대한 효과는 불확실하다. 끓는 물에 30분 가열하면 대부분 파괴되어 문제가 없다.

감자에는 솔라닌이라는 독소가 소량 함유되어 있으나 싹이 날 때는 솔라닌의 함량이 10배 이상 증가된다. 열에 안정하여 보통의 가열과 전자레인지에 의해서는 파괴되지 않는다. 따라서 싹이 난 경우 싹을 제거하고 녹색이 생겼으면 제거한 후 요리를 해야 한다. 솔라닌을 먹으면 복통, 설사, 구토, 발열, 언어장애, 현기증, 마비 등의 증세가 올 수 있다. 다행히 장에서 흡수가 느리고 분해되어 배설되므로 독성은 약한 편이다.

요즘은 그런 일이 거의 없지만 야산에서 독버섯을 식용버섯으로 오인해서 섭취할 경우가 있다. 독버섯을 먹으면 구토, 복통, 위장장애,

경련, 혼수, 황달, 근육경련 등의 증세를 보인다. 빨리 토하고 나서 병원에 가는 길밖에 없다.

쓴 아몬드almond와 수수, 죽순 등에 들어 있는 일부 성분은 배당체로 분해되면서 시안산이 된다. 식품을 가열하여 가수분해효소를 불활성화시키거나 물에 담가 배당체가 녹아 나오게 하면 시안산 생성이 억제된다.

아플라톡신은 곰팡이인 아스퍼질러스 프라버스Aspergillus flavus가 농산물(특히 땅콩과 옥수수)이나 비위생적 저장소에서 생성하는 독소로 동물에 간암을 일으키는 강력한 발암물질이다. 이 독소는 1961년 영국에서 60만 마리의 칠면조가 브라질에서 수입한 땅콩사료를 먹고 폐사하면서 알려졌다. 이 독소는 일단 생성되면 가열처리해도 파괴되지 않고 이를 제거할 방법도 없으므로 이 독소를 피하려면 곰팡이가 피었거나 의심나는 식품은 먹지 말고 바로 폐기하는 것이 가장 좋은 방법이다.

식중독은 식중독균이 자라서 걸리기도 하지만 식중독균이 만들어내는 독소에 의하기도 한다. 자세한 것은 식중독 부분을 참고하면 된다.

CHAPTER 11

인간광우병

미국산 쇠고기를 먹고 광우병에 걸릴 확률

광우병! 지금은 말만 들어도 무서운 병으로 인식되고 경계하지만, 광우병파동이 오기 전에는 많은 사람들이 쇠고기의 안전에 대해 별 생각이 없었다. 광우병은 양의 "스크래피"와 밀접한 관계가 있으므로 스크래피에 대해 먼저 알아보자.

스크래피는 약 300년 전 1732년 영국에서 처음 발병이 확인되었다. 영국 사람은 양고기를 좋아한다. 많은 영국 소설에도 양고기가 등장한다. 우리 한국인의 입맛에는 다소 누린내가 나는 고기지만 영국인은 이 맛을 즐기는 것 같다. 영국에서는 우량종의 양을 얻기 위해 우량종끼리 교배해 왔다. 그런데 이중에는 몸을 자꾸 긁어대고, 비틀거리다(중심을 잘 잡지 못함) 죽는 양들이 있었는데 이를 스크래피Scrapie라고 불렀다. 스크래피 걸린 양의 머리를 잘라 보면 스펀지 모양의 구멍이 송송 뚫린 것을 발견할 수 있었고 따라서 공식적 병명은 "해면뇌병증spongiform encephalopathy"이다.

1930년대에 와서야 스크래피에 걸린 양의 뇌조직을 이용한 실험 중 스크래피가 전염된다는 사실을 알게 된다. 그러나 전염시키는 병원체가 무엇인지는 몰랐다. 1967년 티크마 알프라는 과학자는 스크래피가 병원체가 아니며 DNA 또는 RNA와 같은 핵산이 없는데도 증식한다고 주장하였다. 그러나 당시는 왓슨과 크릭이 발표한 DNA 이중나선 모델이 생명과학 전반에 너무나 큰 충격을 주어 DNA를 이용한 유전정보가 없는 증식은 상상을 할 수 없었고 따라서 학계는 그의 주장을 일고의 가치도 없는 이단으로 생각했다. 따라서 그에 맞서 스크래피가 매우 느리게 증식하는 바이러스slow virus라고 주장한 미국 FDA의 가주택 박사에게 1978년 노벨상의 영광이 돌아가게 된다.

그러나 스크래피의 원인물질이 바이러스라고 하기에는 여러 가지 의문점이 많이 남아 있었다. 일반적으로 바이러스는 100℃ 물에 끓이거나 소독을 하면 껍질 단백질이 변성되어 병원성을 상실한다. 이에 비해 스크래피는 100℃ 물에 끓여도, 소독을 해도 소용이 없었다. 1982년 미국 캘리포니아대학의 스탠리 프루시너 박사와 그의 연구원 데이비드 볼톤은 스크래피에 걸린 실험동물의 뇌조직에서 단백질 덩어리를 분리하여 스크래피가 전염됨을 증명하고 이 전염성이 있는 단백질이라고 여겨지는 분획을 PRoteineus Infectious ONly의 알파벳 일부, 즉 PRION으로 명명하고 프리온이 스크래피의 원인물질이라고 발표하였다. 학계는 핵산이 없이 단백질만으로도 복제되는 병원성물질의 존재를 받아들일 수 없었기 때문에 그 또한 이단으로 지목하였다. 그럼에도 불구하고 프루시너는 이 프리온 물질의 아미노산 서열로부터 DNA 염기서열을 역추적하여 DNA 염기서열을 알아내고 유사한 염기서열이 쥐의 2번 염색체와 사람의 20번 염색체에 있다는 사실을 알아냈다. 즉 정상적인 동물의 체내에 프리온이 존재함을 증명했다. 이후 그는 정상적인 프리온과 스크래피를 일으키는 감염프리온 간에는 유전자의 차이가 없고 다른 감염성 질환과 달리 염증반응도 없음을 알아냈다.

그러면 정상프리온과 감염프리온 이 두 가지 물질의 차이는 무엇인가? 같은 아미노산 조성에도 불구하고 이 두 가지는 생긴 모양이 많이 달랐다. 정상적인 것이 나선모양이라면 감염프리온은 병풍모양이었다. 이로부터 그는 감염프리온이 정상보다 더 잘 막대모양의 섬유구조를 만들고 자기들끼리 뭉쳐 프라그라는 덩어리를 형성하고 감염프리온은 주변의 정상프리온 마저 자신과 비슷한 모양을 만든다고 유추했다. 이후 프리온은 소, 밍크, 사슴, 엘크, 고양이, 치타, 퓨마, 밍크 등에서도 발견되었다. 프루시너는 이 업적으로 1997년 노벨생리학상을 수상했다.

그러는 사이 1986년 영국에서 광적인 행동을 보이면서 제대로 걷지 못하고 비틀거리다가 결국 죽는 소들이 발견되었다. 이 소의 뇌를 부검한 결과 이 소들의 뇌도 스크래피로 죽은 양의 뇌처럼 구멍이 뚫린 스펀지 모양임을 알게 되었다. 따라서 이 소의 병명도 "해면상뇌변증"이고 사람들은 이 소들이 "광우병"에 걸렸다고 했다. 이후 광우병은 영국 전역으로 전파되어 폭발적으로 늘어났다. 당연히 스크래피와 광우병의 연관성이 도마에 올랐다. 이후의 조사는 양을 도축한 후 남는 뼈와 고기, 내장 등을 사료해 첨가해 왔다는 것을 밝혀냈고 그 과정에서 스크래피 프리온이 사료에 들어가고 이를 소가 먹어 광우병이 퍼진 것으로 추정하였다.

마침내 1988년 영국 정부는 소의 사료에 동물성 성분을 첨가하지 못하게 법으로 금지했으나 이미 영국에서 만든 사료가 세계 각국으로 수출된 후였고 광우병은 전 세계로 확산되었다. 이로부터 10년 뒤 광우병 쇠고기를 먹은 사람에게도 광우병과 유사한 증세가 나타났다. 이를 우리는 "인간광우병(변종CJD)"이라고 불렀다.

미국산 쇠고기를 먹고 광우병에 걸릴 확률

사람의 경우 프리온에 의한 질병은 이전에 이미 알려진 것들이 있었다. 1950년대 파푸아뉴기니 동부 고원지대의 포아족 여성과 아이들이 많이 걸리던 쿠루병Kuru과 1900년대 초 발견자인 크로이트펠츠와 야곱의 이름을 딴 CJDCreutzfelt-Jakob Disease 등이 그것으로 모두 증세가 유사하고 뇌에 구멍이 뚫린다는 공통점이 있었다. 그러나 1996년 광우병 발생 10년 만에 발생한 변종 CJD, 즉 인간광우병은 기존의 CJD와 유사하나 몇 가지 점에서 차이가 있었다. 변종 CJD는 CJD보다는 훨씬 젊은 나이(노인 대 젊은 사람)에 걸리고 CJD에 비해 발병 후 사망까지의 시간이 길며(6개월 대 12-24개월), 우울증과 같은 정신적 변화를 거친 후 CJD와 같은 증세(노인성 치매와 유사한 증세)를 보인다는 점이 달랐다.

2007년 12월 7일까지 11년간 집계한 바에 의하면 광우병으로 죽은 소가 189,063마리인데 비해 인간광우병 사망자수는 총 193명이다. 나라별로 보면 영국 163명, 네덜란드 2명, 룩셈부르크 1명, 미국 3명, 스페인 2명, 아일랜드 4명, 이탈리아 1명, 일본 1명, 캐나다 1명, 태국 2명, 포르투갈 2명, 프랑스 11명이다. 많다면 많을 수 있겠으나 매년 로또 당첨자가가 약 100여명에 이른다는 것을 감안하면 로또 당첨보다 어려운 확률이다. 이는 이후 각국이 광우병 우려가 있는 소에 대한 감시를 강화하고 위험한 부위는 먹지 못하게 원천적으로 봉쇄했기 때문일 것이다.

광우병 쇠고기는 엄격하게 관리되고 있다지만 스크래피 양고기는 어느 정도 위험할까? 양이나 염소는 스크래피가 자연적으로 발생할 빈도가 매우 높은 동물이다. 게다가 영국인은 양고기를 매우 즐겨먹어 많은 영국인이 스크래피에 걸린 양고기를 먹었을 가능성은 매우 높다. 그럼에도 불구하고 영국인의 CJD 발생률은 백만명 당 1명 정도에 불과하다. 따라서 스크래피에 걸린 양고기를 먹고 사람이 프리온 질병에 걸릴 가능성은 희박하다고 판단된다.

최근의 연구는 토양에 부착된 프리온이 토양에 부착되지 않은 프리온에 비해 10배 이상의 감염능이 높다고 있다. 이로부터 우리는 환경적인 요인이 감염력에 영향을 준다고 유추할 수 있다. 또 다른 연구결과는 프리온에 대한 또 다른 의문이 생기게 한다. 동물에서 추출한 프리온은 질병을 유발하나 프리온 단백질 자체를 실험실에서 만들어 순수 프리온만 동물에 감염하면 병에 걸리지 않는 것으로 보아 순수 프리온만으로는 질병을 일으킬 수 없는 것 같다. 프루시너 조차도 또 다른 요인이 있을 것이라고 인정하고 있다.

지금은 전 세계적으로 광우병 걸린 소가 유통되지 않으며 유통된다 하더라도 작은 양을 섭취해서는 걸릴 가능성이 매우 낮으며 감염이 되기 위해서는 감염을 도와주는 또 다른 요인이 있는 것 같다.

프리온의 존재 이유는 정확히 모르나 프리온이 제거된 쥐가 밤과 낮을 구분하지 못하는 것으로 보아 생체리듬 조절과 관련이 있지 않을까 추정된다고 한다. 따라서 수년 전 황우석교수가 제안한 것 같은 프리온이 제거된 소는 현실성이 없을 것 같다. 밤낮을 구분하지 못하는 소를 만들어 낸다면 아무리 식육용이지만 인간의 탐욕이 너무 한 것 아닌가?

광우병 걸릴까봐 미국산 쇠고기 기피하는 것은 답이 아니다. 단언컨대 미국산 쇠고기 먹고 광우병 걸릴 가능성은 로또 당첨될 확률보다 작다. 걱정 말고 먹자.

CHAPTER 12

유전자변형식품

현재까지 개발된 유전자변형 농작물과 수산물

⋮

유전자변형식품은 먹어도 안전한가

제초제에 강한 콩, 병충해에 강한 감자, 냉해에 견디는 농작물, 물러지지 않는 토마토 등 신기한 농작물이 유전자변형에 의해 만들어질 수 있다. 유전공학 기술을 도입하면 온갖 잡종을 만든 것이 가능한 세상이 되었다.

유전자변형 농작물은 영양성분 강화, 제초제 내성 획득, 병균에 대한 저항성획득 등 여러 가지 목적을 위해 원하는 유전자를 전달한 후 유전자가 제대로 들어간 세포를 골라내어 배양한 것이다. 특정 단백질을 직접 만들어내게 하기도 하지만 탄수화물, 지방성분에 변화를 줄 수 있는 효소를 만들게 함으로써 우리가 원하는 생물체를 만들기도 한다.

현재까지 개발된 유전자변형 농작물과 수산물

2009년 4월까지 개발되어 우리나라와 일본, EU에서 심사승인이 난 것은 표 3과 같다. 독자는 왜 미국은 몇 개나 심사승인이 났는지 표의 내용에 없어 의아하게 생각할 지도 모르겠다. 이유는 미국은 유전자변형 작물이 원래 다른 농산물과 다를 바가 없기 때문에 유전자변형 작물로서의 심사가 필요없다는 입장이기 때문이다. 즉 영양적으로 동등하다는 것을 증명(실질적 동등성)할 수 있으면 알러지allergy와 관련된 주의사항을 빼고는 아무런 제재가 없다.

표 3 한국, 일본, EU의 심사 승인 건수 비교[a] (2009.4 현재)

	한국[b]	일본	EU[c]
콩	3	5	3
옥수수	29	45	14(3)
감자	4	8	-(2)
사탕무	1	3	1
유채	6	15	6
면화	13	18	6
알팔파	1	3	-
쌀	-	-	-(1)
계	57	97	30(6)

a) 각국의 품목분류 방식에 차이가 있어 승인건수에 차이가 있음

b) 우리나라의 경우 옥수수 3건, 감자 4건, 알팔파 1건은 기타품목으로 승인되어 비의도적 혼입만 허용됨

c) ( ) 내의 숫자는 안전성 평가심사 완료되어 유통승인 기다리는 건수

표 3에서 보는 것처럼 콩, 옥수수, 감자, 사탕무, 유채, 면화, 알팔파, 쌀 등 다양한 작물이 개발되어 있다.

유전자변형 농작물은 단백질성분, 지방성분, 탄수화물성분에 변화가 올 수 있다. 그러나 이 점에서 미국과 유럽은 큰 견해 차이를 보이고 있다. 미국은 **실질적 동등성**이라는 개념에 입각하여 원래의 작물과 유전자변형 농작물 간에 영양성분을 분석하면 별 차이가 없으므로 사실상 같다는 입장이다. 그리고 개발 방법에 있어서도 미국은 전통적으로 해오던 방법인 우수종끼리의 교배방식인 **육종**과 차이가 없다고

판단하는 반면, 유럽은 심각한 차이가 있고 유전자변형 작물은 자연에는 존재할 수 없는 프랑켄시타인과 같은 괴물이라는 것이다. 누가 옳을지는 세월이 더 흘러보아야 알겠지만 우리로서는 의약품과는 달리 많은 양을 먹는 식품이므로 가능한 조심스럽게 접근해 가야 할 것이다.

유전자변형 작물과 관련하여 우리와 관련이 있는 규정을 살펴보자(2008년 유전자재조합식품 표시기준 제정 후 3차례의 개정을 거침). 우리나라의 경우 원료함량 5순위 이내에 유전자변형 작물을 사용했다면 의무표시를 해야 하고, 유전자변형 작물이 아닌 경우 유전자변형 작물이 아니라는 표시(즉 non- GMO 표시)도 가능하다.

제조·가공 후 유전자재조합 DNA 또는 외래 단백질이 남아 있는 식품과 콩, 옥수수, 면화, 유채, 사탕무 및 이들의 새싹채소를 원료로 한 모든 가공식품은 표시하도록 하고 있다. 의도하지 않은 혼입인 경우에는 3%를 기준으로 그 이상이면 표시하게 하고 있다. 모든 제품이 표시대상은 아니고 최종제품에 유전자가 남지 않을 것으로 예상되는 식용유, 간장, 전분당, 주류 및 식품첨가물은 표시하지 않아도 된다. 이 부분이 소비자가 유전자변형식품인지 아닌지를 전혀 판단할 수 없게 하는 부분이다.

그러면 유전자변형식품과 아닌 것을 구별할 수 있을까? 내가 혹시 비싼 돈 내고도 유전자변형식품을 국산인 것으로 속고 사 먹는 것은 아닐까? 대부분의 경우 걱정 안 해도 된다. 이 회사들은 회사 내 유전자변형 여부를 판정할 검사팀을 가동하고 있으며 이들은 DNA를 검사하거나(주로 이 경우임), 항체를 이용해서 단백질 검사를 통해 구별이 가능하기 때문이다. 만약 농산물 공급처가 거짓말을 할 경우 바로 탄로 나며 이제 그 회사의 납품은 끝난 것이 될 것이다.

사실 유전자변형 수산물도 많은 발전이 있었다. 예로 캐나다에서 개발한 수퍼 연어는 성장호르몬이 과다 분비되게 조작하여 개발한 것으로 보통 연어의 수십 배에 달하는 엄청난 크기의 연어이다. 그러나 머리 부분의 형태가 일그러지는 등 기형연어가 만들어지는 등 안전상의 문제로 아직 상용화되지 못하고 있다.

유전자변형식품은 먹어도 안전한가

유전자변형식품의 안전성에 대해서는 미국 측 시각과 유럽 측 시각이 극명하게 엇갈린다. 유전자변형식품의 안전성에 대한 견해는 찬반으로 나뉜다. 어느 하나도 안전에 대해 결론이 난 것은 없다. 다만 미래에는 식량부족으로 인해 어쩔 수 없이 먹어야 할 것 같다는 전망이 지배적이다. 콩의 경우 미국산과 국산의 가격은 약 4배 이상 차이가 난다. 사실상 식품회사에서 유전자변형식품을 사용한 경우와 아닌 경우 최종 제품의 가격을 같은 가격으로 공급하기는 힘든 구조이다. 따라서 유전자변형식품이 싫다면 비싼 가격을 지불해야 한다.

오늘 회식에서 고기를 구워 먹은 후 된장국에 밥을 먹었다면 그 속에 들어 있는 두부는 거의 100% 유전자변형 콩으로 만든 두부라고 보아도 틀리지 않을 것이다. 음식점에서 비싼 국산콩으로 만든 특정 회사의 두부를 사용했을 리 없고 국산콩만 따로 구입하여 식당에서 두부를 직접 제조했을 리는 더욱 없기 때문이다. 무심코 사먹은 아이스바에서 그 속에 식품첨가물로 액상과당이 첨가되어 있다면 이 액상과당은 유전자변형 옥수수로 만든 액상과당일 것이다.

이처럼 우리는 유전자변형식품을 알게 모르게 먹을 수밖에 없는 구조이다. 유전자변형 농산물이 사용되었는지를 확인하려면 뒷면의 표지를 잘 살펴야한다. 유전자변형식품이 함께 유통되는 상품들 예로 두부 등의 콩 제품은 국산일 경우 국산임을 매우 강조하고 있다.

다시 언급하거니와 유전자변형식품의 안전성에 대해서는 결론 난 것이 없다. 다만 현재로서는 원하던 원하지 않던 간에 먹을 수밖에 없는 구조이고 더 먹느냐 덜 먹느냐의 문제일 뿐이다. 다만 덜 먹는 방법은 식품표시에 대한 시민의식을 높여 식품안전처에 더 정확한 표지를 요구하고 우리가 더 잘 살펴 먹는 생활방식을 생활화해야 할 것이다.

CHAPTER 13

효소와 미생물을 이용한 식품가공, 우유가공, 육가공

효소란 무엇인가

⋮

효소라고 불리는 제품들

⋮

식품가공에 이용되는 미생물

⋮

발효제품은 모두 몸에 좋은가

⋮

발효식품

⋮

우유 및 우유 가공품

⋮

육가공 식품

여기서는 효소와 미생물을 이용한 식품가공기술 전반에 대해 간략하게 살펴보고자 한다. 효소를 이용한 가공식품, 미생물을 이용한 발효식품, 우유와 우유 가공품, 축산가공품 등에 대해 전반적인 것을 한 번 살펴보자.

식품가공에 미생물 또는 미생물효소가 이용된 예로는 포도주, 식혜, 된장, 간장, 김치, 요구르트, 포도당시럽, 과당시럽 등이 있다. 미생물을 이용한 것은 결국 미생물의 효소를 이용한 것으로 볼 수 있다.

효소란 무엇인가

효소는 영어로 enzyme 또는 ferment인데 동물, 식물, 미생물할 것 없이 모든 세포에서 촉매작용을 하는 고분자 유기 화합물로 대부분의 경우 단백질이 주성분이다. **열처리 시 쉽게 변성되어 일반적으로 활력을 잃게 되므로 끓인 음식에는 효소가 다 죽었다고 보면 된다.** 효소는 생명체의 모든 화학적 반응에 관여하여 그 반응을 촉진시키거나 또는 지연시켜 생명현상을 유지해주는 원동력이다.

효소와 촉매는 미량으로 반응을 촉진한다는 점은 비슷하나 일반적인 화학반응에서의 촉매는 무기물이면서 화학반응에서 자신은 전혀 변하지 않고 단지 반응만 촉진하지만 효소는 유기물이면서 대부분 작용물질과 결합 후 다시 분리되는 경우가 많아 반응이 진행됨에 따라 그 활성이 점차 저하된다. 효소의 종류는 대단히 많으며 생물체와 조직, 대사의 차이에 따라 각각 다른 효소가 관여한다.

효소의 일반적 특성을 살펴보면 구성성분이 단백질이므로 열에 불안정하고 가열하면 활력을 상실하며 강산, 강알칼리에 의해 변성된다. 일반적으로 온도가 높아지면 효소의 작용이 촉진되나 일정온도 이상에서는 그 작용이 저하되며 효소마다 가장 적합한 최적온도가 따로 있다. pH에 따라서도 활력이 달라지며 일정 범위를 벗어나면 그 작용이 정지된다. 효소의 가장 중요한 특징은 특이성으로 한 가지 효소는 일반적으로 한 가지 기질에만 작용한다. 즉 녹말분해효소는 녹말만 분해하고 지방분해효소는 지방만 분해하고 단백질분해효소는 단백질만 분해한다.

일반적으로 효소의 이름은 뒷부분이 –아제이다. 예로 프로테아제protease(단백질 분해효소), 리파제lipase(지방 분해효소), 옥시다제oxidase(산화효소) 등을 참고하면 이해가 될 것이다. 그러나 펩신이나 트립신과 같이 규정이 생기기 전에 명명된 효소는 그대로 사용한다.

효소는 우리 몸이 필요로 할 때마다 체내에서 만들어 사용하기도 하고 경우에 따라서는 평소에 일정 수준 만들어 두고 역가가 없는 상태를 유지하다가 필요에 따라 역가가 높은 상태로 변환시켜 사용하기도 한다. 예로 펩신은 펩시노겐 상태에서는 활력이 없으나 펩신으로 전환되면서 활력이 생기는 예이다. 효소의 종류는 너무나 많으므로 이것을 모두 설명하는 것은 그것만으로도 한권의 책이 될 것이다. 따라서 효소가 이용된 대표적인 예 몇 가지만 설명한다.

우선 **파파인**이란 효소는 파파야로부터 추출한 효소이다. 단백질분해력이 강해 고기연육소로 사용된다. **많은 고깃집에서 부드러운 고기맛을 내기 위해 고기를 잴 때 사용한다. 몸에 해로운 것은 아니다.**

프랑스가 자랑하는 음식문화의 대표적인 것이 포도주와 치즈이다. 치즈를 만들려면 렌닌rennin이라는 응유효소가 필요하다. 이 효소는 우유단백질의 대부분을 차지하는 카제인casein을 가수분해해서 파라카제인paracasein으로 바뀌게 해준다. 그 결과 파라카제인은 칼슘과 결합하여 두부모양으로 엉기게 되므로 치즈의 제조가 가능해진다. 따라서 렌닌은 치즈를 제조하려면 없어서는 안 될 효소이다. 원래는 소의 위액에서 추출했으나 전 세계 치즈 생산량의 급증으로 인해 공급이 수요를 충족시킬 수 없어 같은 역가를 가진 효소를 무코르Mucor 곰팡이로부터 추출하여 대체해서 사용하고자 한 적도 있으나 최종 치즈 제품에서 쓴맛이 나는 등의 한계가 있었다. 최근에는 유전공학적인 방법으로 유전자재조합 렌닌을 생산하고 있고 오리지널 렌닌과 차이가 없어 영국의 경우 치즈의 99%를 유전자재조합 렌닌을 사용하여 생산하고 있다.

청주나 맥주 등에 혼탁이 생긴다면 상품성은 아주 떨어질 것이다.

이는 단백질 성분의 부유로 인한 경우가 많다. 따라서 가열처리하여 단백질을 변성 응고시켜 제거하거나 단백질분해효소로 분해하여 제거한다.

과즙의 경우 과일의 펙틴 성분에 의해 혼탁이 생겨 상품성이 떨어지는 경우가 있다. 이 경우 펙틴분해효소를 처리하여 해결할 수 있다.

식품첨가물로 액상과당이 많이 사용된다. 포도당과 과당은 섭취 후에는 대사에 별 차이가 없으나 제품 특유의 맛을 위해 과당 특유의 단맛이 요구되기 때문이다. 그러나 천연 과당은 꿀 등의 경우를 제외하면 다량을 얻기가 어렵다. 그러나 포도당을 과당으로 전환시켜주는 효소를 사용하면 포도당을 약 50%의 수율로 과당으로 전환시켜 주므로 공업적으로 대량생산이 가능하다. 가공식품에 첨가된 대부분의 과당은 이 방법으로 생산된 과당이다. 액상과당이 몸에 나쁜 것은 아니다.

유당(락토스) 분해효소인 락타제lactase는 유당lactose을 분해하여 포도당과 갈락토스로 전환시켜주는 효소이다. 유당 자체는 물에 잘 녹지 않고 단맛도 약하나 이 효소로 분해 시 단맛이 증가되고 물에도 잘 녹으며 혹시 이 효소가 결핍된 사람이라 하더라도 흡수가 가능하다. 갈락토스는 뇌의 구성성분으로 소아기에는 특히 중요하므로 소아용 제조분유에도 사용된다.

효소라고 불리는 제품들

최근 먹는 효소를 상품화하여 큰 시장이 형성되고 있다. 몇 방송에도 이미 나간 내용이지만 결론부터 말하면 **통상 50% 정도의 설탕에 담근 과일은 효소라기보다 설탕에 저장된 과일추출액이다.** 설탕 50%에서 미생물이 증식을 할 수 없기 때문이다. 다만 삼투압에 의해 과일의 엑기스가 추출되어 당과 섞여 있을 뿐이다.

이와 관련하여 효소를 따로 먹어 주는 것은 건강에 도움이 될까? 곡물을 발아시켜 효소를 활성화시켰다 하더라도 섭취하면 우리 몸에서 얼마나 받아들일지 의문이다. 생명체의 활력에 효소가 중요하다는 것은 명백하지만 효소를 따로 먹어도 효과를 기대하기 힘든 이유는 앞서도 언급한 것처럼 **효소는 단백질을 주원료로 한 생체촉매이므로 이를 섭취할 경우 우리 몸은 쇠고기 먹은 것과 다를 바 없기 때문**이다. 우리 몸의 소화효소는 곡물발아효소를 분해할 것이고 이들은 분해되어 아미노산으로 바뀐 후 우리 몸에 필요한 단백질 재합성에 사용될 것이다. 또 대부분의 효소는 위를 통과하면서 위의 강한 산을 견뎌내지 못하고 변성되어 활력을 잃을 것이고 일부 살아남는다 하더라도 장에서 흡수되어 우리 몸에서 그 효소를 필요로 하는 조직으로 직접 전달될 가능성도 없다. 소화효소의 경우 다소 도움이 되지 않겠느냐는 반론이 있을 수도 있으나 이 역시도 위산에 의해 대부분 활력을 잃어 작용하기 힘들고 현재 각 제약회사들에서 위산의 작용까지 고려하여 장에 잘 전달할 수 있게 코팅한 훌륭한(?) 소화제를 싼값에 판매하고 있는 점을 고려하면 비싼 값에 효소란 이름으로 사 먹는 것은 경제논리에도 맞지 않다.

발효 중 건강에 좋은 물질이 새로 만들어질 수도 있다. 그러나 아직 곡물발효 중 건강에 좋은 획기적인 물질이 새로 만들어졌는지의 여부는 조사해 보아야 할 문제이다. 다만 일부 효소관련 선전 등에서 구체적 확인이 없이 경험사례로 들을 수 있을 뿐이다. 효소라는 제품을 따로 고가에 구입해서 먹을 필요는 없다고 판단된다. 신선한 음식을 골고루 먹는 것으로 충분하다.

식품가공에 이용되는 미생물

많은 발효제품들이 있다. 우리생활과 밀접한 것만도 탁주, 약주, 청주, 소주, 맥주, 포도주 등의 각종 과실주, 감주, 버터, 치즈, 청국장, 김치, 간장, 된장 등을 들 수 있다. 이들 발효제품들은 미생물효소에 의해 식품성분이 바뀐 것이라고 볼 수 있다. 식품가공에 이용되는 미생물로는 곰팡이, 효모, 세균이 있다.

곰팡이는 사상균이라고도 부르는데 균사는 대체로 흰빛이나 포자는 곰팡이 특유의 색을 보이는 경우가 많다. 전분분해효소, 단백질분해효소를 많이 분비하므로 술과 간장, 된장 등의 장류제조에 많이 이용된다.

효모는 맥주, 청주 등의 술 발효와 빵, 간장 발효 등에 이용된다.

세균은 술을 식초로 바꾸거나 유산균, 청국장 제조 등에 이용된다.

발효제품은 모두 몸에 좋은가

발효와 부패는 둘 다 세균, 효모, 곰팡이에 속한 미생물이 탄수화물, 지방, 단백질 등의 유기화합물에 번식하여 그들의 효소에 의해 화학반응이 일어나 다른 물질로 바뀐다는 점에서는 같으나 가공목적에 합치하여 맛, 빛깔, 향이 우리에게 유리하고 해가 없을 경우 발효라 하고 맛, 빛깔, 냄새 등이 나쁜 방향이거나 배탈 등으로 우리에게 해가 될 경우 부패라고 한다.

우리사회에는 발효에 대한 묘한 맹신이 있는 것 같다. 발효된 것은 몸에 아주 좋을 것이라는 믿음. 아마 우리의 전통 발효식품들의 우수성이 알려지면서 발효하면 몸에 좋은 성분이 만들어졌을 것이라는 믿음 같은 것이리라. 그러나 이는 사실이 아니다. **미생물이 발효한 성분이 몸에 좋다는 보장은 없다.** 예로 나무에 미생물이 자라다보면 메탄올이 만들어지기도 한다. 메탄올은 마실 경우 시력을 잃게 될 수도 있다. 우리가 이름 모를 꽃을 꺾어다 발효를 해서 술을 만들었을 경우 그 술이 몸에 좋다는 보장이 어디에 있겠는가? 그 새로운 술의 성분 분석은 아무도 한 바 없다. 따라서 그 꽃에 들어 있는 미량 성분의 미생물이 자라면서 어떤 성분으로 바뀌었는지는 아무도 모르며 오랜 세월 안전성이 검증된 것도 아니다. 따라서 발효제품이라고 무조건 몸에 좋을 것이라고 생각하지 말자. 그렇게 현혹하는 사람의 말도 믿지 말자. 잘 검증된 발효식품만 먹자.

발효식품

간장

전통적 방법인 재래식 간장은 콩과 소금을 사용하되 주로 아스퍼질러스Aspergillus 속의 곰팡이를 이용하여 단백질과 전분을 분해한 것이다. 이때 효모는 당류를 발효하여 알코올과 기타 향기성분을 만들고 유산균은 유산을 생성하여 간장이 적당한 pH가 되게 한다. 또 이때 만들어진 산과 알코올은 간장의 향기성분을 만들어 준다. 그러나 콩을 쑤어 메주를 띄우는 데 약 한 달이 걸리는 데다 운이 없으면 메주에 부패균이 붙어 악취가 나기도 하고 비위생적인 점과 매번 같은 제품을 생산할 수 없는 단점 등이 있어 이를 공업화하기는 어렵다. 따라서 공업화할 경우 현재는 순수배양한 미생물을 사용한다.

간장을 제조할 때는 콩과 메주(또는 코지 몰드)와 소금, 물을 혼합하여(소금 농도 약 17-18%) 담금(숙성)한 후 몇 개월에서 1년간 숙성시킨다. 이 과정에서 콩 단백질의 약 90%는 단백질분해효소에 의해 수용성으로 바뀌고 약 60% 정도는 아미노산으로 분해된다. 일단 발효를 완료하면 전통간장은 소금물을 달여 간장을 얻고 가라앉은 고형분을 된장으로 사용하나 개량간장은 압착포대 또는 압착기로 압착하여 생간장을 얻는다. 생간장을 달이는 과정에서 미생물을 살균하고 분해되지 않은 단백질이 가라앉아 청징효과를 가져오며 간장의 색은 진해지고 보존성은 향상된다. 바로 사용도 가능하나 안식향산이나 안식향산나트륨 같은 보존료를 사용하여 저장기간을 늘릴 수 있다. 최근에는 단맛을 위해 설탕, 엿, 전분당을 첨가하기도 하고 맛을 위해 MSG를 첨가하기도 한다. 원료의 농도를 2배로 높이면 진간장이 된다(요즈음은 산분해간장을 진간장이라고 용어를 변질시켜 사용하기도 하는 모양이다. 황당하다).

일본식 간장은 콩과 밀을 사용하므로 우리나라 간장보다 색이 붉고 단맛을 더 느낄 수 있다. 이렇게 만든 것을 양조간장이라고 한다. 진짜 간장인 것이다.

그러나 이 경우 시간이 오래 걸리므로 짝퉁 간장을 만들기도 한다. 소위 아미노산 간장 또는 산분해간장이라고 부르는 것인데 이는 단백질이 든 원료 즉 콩가루, 콩깻묵, 간장비지 등을 염산으로 가수분해한 후 가성소다나 탄산소다로 중화시키고 소금을 혼합한 것으로 80℃에서 약 120시간이면 제조할 수 있다. 이는 발효시켜 만든 간장과는 완전히 다른 짠 아미노산 용액이라고 보면 된다.

아미노산 간장과 관련하여 과거의 MCPD3-monochloro 1,2-propandiol 파동을 언급하지 않을 수 없다. 지방은 글리세롤에 세 개의 지방산이 결합되어 있는 것이다. 염산에 의해 지방은 글리세롤과 지방산으로 나누어지나 이때 생긴 글리세롤이 염산과 반응하여 염소생성물인 MCPD를 생성하게 되는 데 독성실험 결과 MCPD는 암컷 쥐의 경우 불임을 수컷 쥐에게는 정자생산량의 감소를 가져온다. 시판되는 아미노산간장의 경우 1일 7CC까지는 무해하고 국제암연구소의 발암물질 목록에는 없다고 하나 먹지 않는 것이 최상이라고 생각된다.

우리나라는 1997년 7월 1일부터 WHO 수준인 2ppm(백만분의 2) 이하로 하되 자율에 맡기고 있다. 우리나라의 대상(주)은 산분해간장의 불임 논란 이후 양조간장으로 회사방침을 변경한 바 있다. 아직 우리나라 전체로는 양조간장과 산분해간장을 약 9:1 정도 섞은 혼합간장이 양조간장보다 더 많이 소비된다고 한다. 그 이유는 혼합간장이 양조간장보다 맛이 더 구수하기 때문이라고 한다. 산분해간장의 퇴출은 시장에서 소비자가 외면함으로써 가능한 것은 아닐까? 산분해간장 퇴출을 위해서는 양조간장만 사먹자.

청국장

청국장은 찐콩에 납두균(바실러스 나또Bacillus natto)을 번식시켜 납두를 만들고 여기에 조미료, 소금, 마늘, 고춧가루 등의 향신료를 섞어 담근 것이다. 전통적으로는 공기 중의 납두균을 이용하거나 짚 속에 있는 납두균을 이용하여 발효하나 개량식은 납두에서 분리한 납두균을 순수배양하여 인공접종 하여 발효시킨다. 청국장에서 나또키나제nattokinase라고 하는 혈전용해 성분이 보고된 바 있다. 전통음식 성분인데다 주사제가 아닌 먹는 방법으로 공급할 수 있는 혈전용해제라는 면에서 대단한 가치가 있다. 청국장은 참 좋은 음식이다.

식초

식초는 초산을 약 3-4% 함유하고 유기산, 아미노산, 당, 알코올, 에스테르 등이 들어 있어 독특한 신맛과 방향이 있는 조미료이다. 영어로 vinegar는 신포도주라는 의미이니 서양에서는 주로 포도주를 사용하여 만든 것 같다. 식초는 초산균의 작용으로 알코올이 산화되어 만들어진 것이다.

문제는 빙초산에 물을 타서 식초 대신 직접 사용하거나 희석한 빙초산에 포도당, 물엿, 인공감미료 등을 섞어 만든 합성식초가 일반 대중음식점에서 많이 사용되고 있다는 점일 것이다. 특히 중국집, 냉면집 등의 식초가 합성식초일 가능성이 매우 크다. 관련 법규의 신설이 필요한 시점이다.

술

알코올 도수가 1% 이상인 것을 술이라고 한다. 술을 마시면 흡수된 알코올의 약 10%는 신장과 허파를 통해 배설되고 나머지 90%는 간으로 전달된다. 간에서 알코올 탈수소효소에 의해 알코올이 아세트알데히드로 산화되고 아세트알데히드는 온몸에 존재하는 알데히드 탈수소효소에 의해 초산으로 산화된다. 즉 술은 2단계에 걸쳐 두 가지 효소에 의해 초산으로 바뀐다. 초산은 아세틸코엔자임A로 바뀌어 분해되는 대사로 가면 탄산가스와 물로 바뀌고(주로 이쪽으로 대사된다고 한다) 지방산이 합성되는 대사로 가서 지방산으로 바뀔 수도 있다. 보통 우리가 술을 마시면 얼굴이 붉어지는 것은 중간물질인 아세트알데히드가 축적되기 때문이다.

건강한 사람의 경우 시간당 약 8그램 정도의 알코올이 분해된다고 한다. 과거 소주는 보통 알코올 도수 25%였으나 최근의 경향은 순한 소주를 지향하여 보통 18%, 심지어 16.9% 소주도 있다. 소주 한 병에 350ml이니 18%라고 가정하면 소주 한 병당 알코올량은 63그램이다. 63그램을 시간당 분해속도인 8그램으로 나누면 보통 사람의 경우 **소주 한 병의 알코올을 분해하는 데 약 8시간이 소요된다.** 약 10% 정도가 배설된다고 하나 이뇨제는 술 깨는 데 크게 도움이 되지는 않는다고 한다.

산모가 술을 마시면 어떻게 될까? 태아의 간은 알코올 분해력이 성인의 10% 미만이라고 한다. 따라서 **태아로 넘어간 알코올은 엄마의 간**

이 알코올을 분해할 때까지 태아 몸에 머문다. 특히 양수로 간 알코올은 오랫동안 남아 있어 산모가 술을 깬 후에도 태아는 양수에 둥둥 떠서 취한 상태이다. 이 무슨 고문인가? 따라서 알코올 중독인 엄마에게서 태어난 아이는 뇌도 정상보다 작고 학습장애, 주의산만인 경우가 많다고 한다. 통계는 산모가 소주 1.5잔(약 12그램)을 매일 마시면 심한 성장기 행동장애를 보이고 약 6그램만 매일 마셔도 행동장애를 보인다고 한다. 따라서 임신 중에는 아무리 작은 술도 마시지 않는 것이 좋겠다.

술은 크게 곡물 또는 과실을 발효시켜 그 발효액을 짜서 마시는 양조주와 양조주를 증류해서 마시는 증류주로 나눌 수 있다. 술을 제조하는 과정은 곡물을 사용할 경우 곡물을 당으로 바꾼 후 효모에 의해 발효하고, 과일 등의 당을 이용할 경우에는 효모에 의해 바로 발효가 가능하다. 청주, 과실주, 맥주, 탁주, 약주 등이 양조주에 속하고 소주, 위스키, 브랜디, 럼, 보드카 등이 증류주에 속한다. 증류주는 원료에 따라 과일을 원료로 한 브랜디Brandy와 곡물을 원료로 한 위스키Whisky로 나눌 수 있다.

과일주에는 포도주, 사과주가 상업적으로 생산되고 그외 배, 체리cherry, 파인애플, 오렌지, 플럼plum, 그래이프 프룻grape fruit 등도 과일주의 원료가 될 수 있으나 포도에 비해 과육으로부터 당을 추출하기가 어렵고 당 함량이 낮으면서 산 함량은 높아 당의 첨가가 없이는 발효주를 만들기 어렵다. 소주에 과일을 담가 만든 술은 소주에 과일 성분을 추출한 것일 뿐 양조주가 아니다.

발효주를 증류한 것을 증류주라고 한다. 통상 양주라고 부르는 증류주의 특이한 향은 발효부산물로 생긴 알데히드, 에스테르, 고급 알코올과 이들이 참나무통에서 숙성되면서 유출되는 여러 가지 물질들에 기인한 것이다. 우리나라의 소주, 중국의 고량주 등도 증류주에 속하지만 양주와는 구별되므로 따로 설명한다.

양주는 술을 만드는 원료에 따라 곡류전분을 사용하는 위스키와 과실을 원료로 하는 브랜디 그리고 당밀 등을 이용한 럼Rum, 방향성식물을 이용한 진Gin 등이 있다.

일반적으로 양주는 증류 후 참나무통에 담아 수년 또는 수십 년간 숙성시켜 독특한 향미를 갖게 한다. 18세기 초부터 스코틀랜드인들이 주세를 피하기 위해 나무통에 저장하기 시작했다는 설도 있다.

1) 와인wine

일반적으로 와인은 포도주, 과실주, 또는 술을 뜻하나 포도주 와인grape wine과 동의어로 사용되며 다른 과실주는 사과주apple wine처럼 그 과실 이름 앞에 wine을 붙여 구별하여 사용한다. 먼저 포도주부터 살펴보자. 포도주는 요즘 교양의 대세이므로 조금 자세히 살펴보기로 한다.

포도주는 당, 산, 물 등을 첨가하지 않고 순수 포도만으로 효모에 의해 발효되어 만들어진다. 포도 자체의 당 함량이 낮아 원하는 알코올 농도에 도달하기 힘들 경우 당을 첨가하여 발효하나 이 경우 포도주의 질이 떨어진다. 포도주의 품질은 포도 자체의 향기aroma와 발효 후 숙성과정에서 생기는 향기bouquet에 의해 좌우되므로 포도 품질을 결정하는 기후조건에 맞는 포도주 주산지가 한정되어 있다.

포도주 속에는 알코올 외에도 다른 알코올, 알데히드, 케톤, 색소, 각종 비타민, 무기질 , 유기산 등 수많은 물질들이 들어 있고 이들의 조합은 포도 품종에 따라 다르고 같은 품종이라 하더라도 기후변동에 따라 매년 달라지므로 매년 독특한 포도주가 생산될 수밖에 없다.

포도주는 발효에 의해 자연적으로 만들어진 천연포도주(알코올 도수 9-14%)와 포도주주정wine spirit을 가해 알코올 도수를 높인 디저트dessert 및 에피타이저appetizer 포도주(알코올 도수 15-21%)로 나뉜다. 당의 함량에 따라 dry(무감미), semi-dry(반감미), sweet(감미)로 나뉘고 이는 포도주 병에 표시되어 있다. 색깔에 따라 Red, Pink(Rosé), White로 나뉘고 마시는 방법에 따라 식사 전에 식욕을 자극하기 위해 마시는 에피타이저appetizer wine, 식사 중에 마시는 테이블 와인table wine, 식후에 마시는 디저트dessert wine로 나누기도 한다. 테이블 와인은 일반적으로 보통의 포도주를 사용하고 에피타이저와 디저트는 감미와 향미가 높은 포도주를 사용한다. 포도주에 탄산을 첨가하여 만든 것을 스파클

링와인sparkling wine이라고 하는데 우리가 샴페인이라고 부르는 것이다.

원료인 포도 품종의 성분조성과 풍미는 포도주 제조에서 가장 중요한 요소이다. 현재 널리 재배되는 품종은 유럽계의 *Vitis vinifera*와 북미계의 *Vitis labrusca, Vitis rotundifolia*가 있으나 너무 많아 열거하기가 어렵다.

포도를 파쇄한 후 순수효모를 이용하여 발효하기 전에 포도에 붙어 있던 세균과 곰팡이를 억제하고 갈색화 효소를 저해하는 효과와 항산화효과 등을 노려 아황산 또는 아황산가스를 약하게(200ppm 이하; 1ppm은 백만분의 일)처리한다. 당도가 원하는 수준에 미치지 못할 경우 설탕, 포도당, 과당 등을 사용하여 당도를 올려준다.

전체 과즙을 발효하면 적포도주가 되고 청포도를 사용하거나 과즙을 과육으로부터 분리한 후 효모를 접종하여 발효하면 백포도주가 된다. 포도주의 생산에 관여하는 효모는 사카로마이세스 세레비지에 Saccharomyces cerevisiae 이다. 특수한 타입의 포도주 제조를 위해 다른 변종 효모strain를 사용하기도 한다.

발효 온도는 적포도주는 29℃ 이하로 백포도주는 15℃ 이하로 유지하는 것이 좋다. 일반적으로 낮은 온도에서 서서히 진행된 발효가 보다 많은 에스테르ester류와 향기물질을 만들고 최종적으로 얻을 수 있는 알코올량도 많으며 청징작업을 쉽게 하고, 세균에 대한 내성도 갖게 한다고 한다.

사과주도 제조방법은 포도주와 비슷하다. 사이더cider, 애플와인apple wine 등으로 불린다. 사과주를 숙성하는 경우는 드물고 신선한 상태로 제품화된다. 대개 알코올 농도는 11-14% 정도 된다.

2) 탁·약주

탁·약주는 우리나라의 재래주로서 천년 이상의 역사를 가지고 있다. 특히 탁주는 농주라고도 하며 예부터 가장 널리 애용되어온 술이다. 과거에는 찹쌀이나 멥쌀을 원료로 하고 누룩을 발효제로 하여 양조하여 왔으나 일제시대 입곡법에 의해 변화를 겪었고 1963년 정부식량정책에 의해 쌀 대신 밀가루를 사용하고 옥수수, 고구마, 보리 등이 혼용되면서 탁주 고유의 맛은 크게 달라졌다. 1977년 이후 쌀을 다시 사용할 수 있게 되었으나 양조장에서 누룩을 사용하는 대신 간편하게 이용할 수 있는 발효제 등을 사용하므로 지금의 탁주는 전통적인 탁주와는 풍미가 크게 달라졌다.

탁·약주가 맥주와 다른 점은 맥주의 경우 당화와 발효과정이 분명하게 나누어져 있는 반면, 탁·약주는 전분의 당화와 효모의 알코올 발효가 동시에 진행된다는 점이다. 탁주와 약주는 과거에는 누룩 사용량 등에 차이가 있었으나 지금은 개정되어 담금배합에 있어 약간의 차이가 있고 발효시간은 약주가 다소 길다. 당화과정에는 과거의 방법은 여러 가지 곰팡이가 이용되었으나 현재는 생산지별 차이가 없이 아스퍼질러스 오리제Aspergillus oryzae가 주가 되어 있어 오늘날 우리나라의 탁주 맛은 어느 지방에나 비슷하게 되었다.

담금 용수에 누룩 또는 발효제와 덧밥 및 주모(효모) 등을 첨가하여 담금하여 발효 숙성한 발효액을 원주라고 한다. 탁주의 숙성기간이 2-3일인데 비해 약주는 숙성 기간이 4-5일로 길다. 발효액의 온도가 최고조에 달했다가 서서히 강하하여 실온에 가까워지면 발효를 끝낸다. 알코올 함량을 측정하고 물을 첨가하여 알코올 도수를 맞추어준 후 잘 섞어주면서 체로 걸러내면 탁주가 되고 약주는 여과하여 제품화한다. 탁주는 보통 알코올 농도가 4-8% 정도되고 약주는 10-13% 정도가 된다. 약주는 저장기간을 연장하기 위해 저온살균을 하기도 하나 살균 중 색이 진해지고 다소 다른 맛이 생기기도 하므로 주의하여야 한다.

3) 맥주

맥주는 보리전분을 맥아를 사용하여 당으로 전환시킨 것을 효모가 알코올 발효한 것으로 원료에 첨가한 호프Hop가 쓴맛을 주고 발효 중 생성된 탄산가스가 청량감을 주는 알코올성 음료이다.

맥주의 역사는 고대 바빌로니아와 이집트에서 시작되었다고 하나 근대적 맥주는 중세 유럽에서 맥아와 호프를 사용한 맥주를 만들기 시작하면서 시작되었고 특히 독일에서 각 지방에 따른 독특한 형태의 맥주를 탄생시켰다. 특히 독일은 16세기에 제정된 맥주에 관한 법률Bavarian Purity Law을 준수하여 현재까지도 맥아, 물, 호프, 효모 4종류 외의 원료 사용을 금하고 있으나 오늘날 대부분의 나라에서는 맥주의 원료 및 비용 절감을 위해 맥아 외에 옥수수를 비롯한 각종 전분질 부원료를 사용하여 제품을 생산하고 있다.

우리나라의 맥주는 1933년 조선맥주(크라운)를 시작으로 곧 이어 설립된 동양맥주(OB)가 1990년대까지 시장을 주도했다. 그러나 1990년대 개방화로 진로 쿠어스 등이 시장에 진입하고 이후 수입맥주가 들어오면서 현재는 제품이 다양해졌다.

맥주는 효모의 종류에 따라 상면발효맥주와 하면발효맥주로, 호프의 정도에 따라 강호프성, 약호프성, 살균여부에 따라 병(캔)맥주, 생맥주 등으로 나눈다.

상면발효맥주는 영국과 미국 등에서 상면효모top yeast (예로 Saccharomyces cerevisiae)를 사용하여 비교적 고온(10-20℃)에서 실시하는 발효법으로 발효기간이 3일 정도이고 숙성도 1주일 정도로 전체 공정기간이 짧다. 대표적인 것으로 에일Ale과 스타우트Stout를 들 수 있는데 대체로 색이 진하다. 더 나누면 호프hop 맛이 강한 페일에일pale ale, hop 맛이 중간인 마일드에일mild ale, 마일드에일 중 색이 짙고 단맛이 강한 브라운에일brown ale이 있다. 스타우트는 색이 어둡고 조직이 풍부하며 비교적 호프맛이 약한 것으로 영국 더블린스타우트Dublin Stout가 유명하며 포터Porter라고도 불린다.

하면발효맥주는 독일을 비롯한 유럽 정통맥주로 하면효모bottom yeast (예로 Saccharomyces carlsbergensis)를 사용하여 5-10℃에서 7일 정도 발효한 후 2주 이상 숙성시킨 맥주로 색이 옅은 담색pale-colored과 농색dark-colored이 있다. 대표적인 것이 라가Larger이다. 지방에 따라 다른 이름을 붙여 맥주를 구별하는데 대표적인 것으로는 필스너Pilsner, 도르트문터Dortmunder, 뮨헤너Münchener, 보크Bock가 있다. 필스너는 필슨지방에서 생산되는 담색맥주로 호프가 많이 들어간 맥주이므로 쓴 맛이 강하다. 도르트문트는 도르트문트 지방의 담색맥주로 쓴 맛은 중간정도 된다. 뮨헤너는 농색맥주로 호프가 작게 들어간 맥주이고 발효를 완전히 하지 않고 미리 끝내므로 조직이 풍부하고 필스너나 도르트문터보다 단맛이 강하다. 보크는 농색맥주로 조직이 풍부하다.

그러나 최근의 속성발효법에서는 발효시간 단축을 위해 효모 첨가량을 늘리고 발효온도를 높여 발효 중의 효모 활성을 높게 유지함으로써 발효양상이 전통적인 방법과는 많은 차이를 보여 상면발효와 하면발효의 뚜렷한 구분이 없다. 최근 우리나라 맥주가 다양하지 못하고 천편일률적이라는 평을 받는 것은 라가맥주 일변도에다 원료에도 변화를 주지 않아 수입된 맥주들에 비해 다양성이 떨어지기 때문으로 보인다. 그러나 필자의 판단은 앞으로 다양성은 추구해야 하겠지만 우리 국산맥주 자체는 유럽대륙의 정통 맥주로 좋은 품질이라고 생각한다.

맥주의 제조공정은 맥아 제조malting, 맥아즙 제조mashing, 발효 및 제품화의 4단계이다. 맥아제조는 보리를 맥아malt로 전환시키는 과정으로 보리에 수분을 주어 발아(싹이 나게 함)시켜 당화에 필요한 효소를 생성 또는 활성화시킨 것이다. 배조라는 가열건조과정을 거쳐 발아를 중지시킨다.

맥아즙 제조는 맥아를 맥아즙wort으로 전환시키는 과정으로 맥아 중 물에 녹는 물질은 녹여내고 맥아효소에 의해 당으로 전환시키는 과정이다. 보리 외에 옥수수, 쌀 등의 전분질부원료를 첨가하는 것이 보통이다. 당화가 끝나면 여과하여 맥아즙을 얻고 여기에 호프를 첨가해 호프첨가 맥아즙을 만든다.

발효는 맥아즙을 맥주로 전환시키는 과정으로 효모를 접종하여 알코올과 탄산가스, 각종 향미물질이 만들어지는 과정이다.

발효가 끝난 맥주를 처녀맥주라 하고 전통적으로는 효모와 함께 저온(0-2℃)에서 오래 저장하면 숙성이 서서히 진행되면서 탄산가스가 포집되고 향미가 증진되면서 효모와 단백질은 가라앉아 안정된 상태의 맥주가 된다. 이를 바로 포장하여 제품화하면 생맥주이고 살균과정을 거쳐 병에 저장하면 병맥주이다.

그러나 최근 생맥주의 개념도 바뀌고 있다. 생맥주는 처음에는 캐스크cask라는 통에 담아 제공되었는데 이를 캐스크맥주Cask beer라고 불렀다. 1936년부터 인위적으로 탄산으로 포화시킨 통에 담아 제공하기 시작하여 유럽 전역으로 확산되었고 또 세계전역으로 퍼졌는데 이 드래프트맥주draught beer를 케그맥주Keg beer라고 한다. 캐스크맥주와 케그맥주는 모두 12℃ 정도에서 저장하고 제공되어야 한다.

최근 처녀맥주를 여과하면서 저온여과시스템cold filtering system을 도입하여 비록 살균을 한 것은 아니지만 살균한 것과 같은 효과를 내어 드래프트맥주(draught beer 또는 draft beer)라는 용어를 사용하고 상업적 목적으로 병 또는 캔에 들어있는 맥주에도 이 용어를 사용한다. 대표적인 예가 Miller Genuine Draft Beer이다. 소비자는 헷갈리기 딱 좋다. 이제 생맥주와 캔맥주의 경계가 없어졌다.

맥주의 품질은 첫째 향미이다. 이물질이나 불순한 맛이 없이 순수해야 하고 호프 특유의 쓴맛을 유지하면서 조직이 좋아 충만감을 주어야 하고 탄산가스와 발포성에 의해 상쾌하고 신선한 맛이 있어야 한다. 색깔은 황금색이면서 투명해야 한다. 산화가 일어나면 다소 붉은 빛을 띠게 된다.

맥주의 꽃은 거품이다. 이는 시각적인 매력을 줄 뿐만 아니라 탄산가스가 날아가는 것을 막아준다. 맥주거품과 혼동하기 쉬운 것이 분출인데 분출은 맥주병 또는 캔을 열었을 때 내용물이 급격히 팽창하여 거품과 함께 밖으로 솟아 넘치는 것을 말한다. 이는 운반도중 맥주가 장시간 흔들렸거나 저장 중 온도변화가 급격했거나 금속이온 침전물이 생겼을 때 발생한다.

4) 청주

청주는 쌀을 원료로 민가에서 전통적으로 제조해 온 술이나 주세법상 허가제로 바뀐 이후 민가의 명주銘酒 대신 공업화된 오늘날의 청주가 되었다. 당화와 발효가 동시에 일어나 일반적으로 양조주에서 얻기 힘든 고농도의 알코올(최고 20%)이 함유된 술이 만들어진다.

쌀은 정미를 하여 사용하는데 정미하여 얻은 백미의 현미에 대한 중량 %를 정백도라고 한다. 보통 정백도 75% 정도의 것을 사용하나 경우에 따라 술의 품질을 높이기 위해 50-70%의 고도로 정미한 백미를 사용하기도 한다. 양조장에서의 알코올은 20% 전후이나 시판제품은 일반적으로 16% 정도 된다. 소주와 달리 증류한 것이 아니므로 과음할 경우 알코올이 아닌 다른 성분으로 인해 숙취현상이 있다.

5) 위스키

위스키는 곡류전분을 원료로 발효한 후 증류한 증류주이다. 위스키는 생산지에 따라 스카치위스키Scotch whisky, 아이리시위스키Irish whisky(스카치위스키와 유사하나 브랜딩 과정이 없다고 함), 아메리칸위스키American whisky(예로 옥수수를 원료로 한 버번bourbon이 있음), 카나디안위스키Canadian whisky 등으로 나누는 데 이들 위스키는 향미에 있어 차이가 있으나 아메리칸위스키와 카나디안위스키 간의 구별은 어렵다.

맥아를 원료로 해서 만든 것을 몰트위스키Malt whisky라 하고, 옥수수 전분 등을 섞어서 만든 것을 그레인위스키grain whisky라고 한다. 시중에 판매되는 것은 대부분 그레인위스키이며 당연히 몰트위스키가 그레인위스키보다 비싸다.

우리나라의 경우 대한제국시절 양주가 처음 유입되기 시작하였고 해방 후 미군에 의해 본격적으로 들어왔다. 첫 국산 위스키는 1976년 출시된 백화의 조지드레이크가 최초이다. 1978년 베리나인이 출시되었으나 세계 기준에 부합하는 첫 제품은 1984년 위스키3사(베리나인, 진로위스키, 오비씨그램)에 의해 출시된 패스포트, VIP, 썸씽스페셜이다. 1991년 마침내 12년산 제품이 출시되었고 1994년 진로에서 임페리얼, 1996년 두산씨그램에서 윈저 등이 출시되었다. 국내에서 많이 소비되는 양주로는 치버스리걸Chivas Regal, 딤플Dimple, 발렌타인Ballantine 등이 있다. 세계 유명 위스키 몇 가지를 소개하면 다음과 같다.

블랙앤 화이트Black & White는 스카치위스키로 1879년부터 제임스 부케넌이 블랜딩blending하여 판매하였다. 제임스 본드가 등장하는 소설 Moonraker에도 등장하는 술이다.

로얄설루트Royal Salute는 1953년 엘리자베스 여왕 2세의 대관식에 맞춰 21년산을 출시한 것과 2003년 엘리자베스 여왕 2세의 권좌 50년을 기념하여 50년된 위스키를 한정판으로 출시한 바 있는데 병마다 고유번호가 붙어 있었고 이때 가격이 병당 3만 달러(한화 약 3,600만원)였다고 한다. 또 45년산을 다이아몬드로 장식한 병에 담아 20만 달러(한화 2억 4,000만원)에 판매한 적도 있다. 하지만 술 가격과 제품의 우수성이 꼭 비례하는 것은 아니라고 생각한다.

조니워커Johnnie walker는 스코틀랜드 원산의 스카치위스키이다. 전 세계적으로 가장 많이 팔리는 위스키로 연간 약 1억 3,000만병 정도 팔린다고 한다. 1820년 존 워커가 세운 회사로 1908년부터 모자, 장화신은 영국신사를 대표하는 상표가 되었다.

치버스리갈Chivas Regal은 1801년 치버스 형제가 세운 회사이다. 1990

년 세계 최대 판매고를 기록한 바 있다. Royale Salute도 이 회사 제품이다.

발렌타인Ballantine은 1827년 농부 발렌타인이 창업했다. 1919년 맥킨리라는 사업가를 거쳐 1937년 캐나다의 하이럼 워커사로 바뀌었다. 17년산(premium), 12년산(gold seal), 스탄다드(finest) 등이 있다.

짐빔Jim Beam은 세계에서 가장 많이 팔리는 버번이다. 1795년 제이콥 빔이 창업했다. 주한 미군에게 인기가 있다고 한다.

스카치위스키Scotch whisky는 원료맥으로 이조맥(두줄보리)인 Gold melon을 사용한다. 사용되는 맥아와 효모는 맥주와 유사하다. 발효가 끝나면 단식증류기Pot still를 사용하여 증류하는데, 이때 알코올 농도 18-24% 정도가 얻어지면 같은 단식증류기로 한 번 더 증류한다. 증류 초기와 후기는 성분이 다르므로 어느 시기의 분획을 채취하느냐에 따라 품질이 크게 달라진다. 보통 위스키분으로 채취한 것은 알코올 60-70%이나 일정 알코올 함유량으로 조절하여 180-360리터 목재통에 저장한다. 목재통에 저장한 기간에 위스키 특유의 향미가 생성되고 맛이 원숙해진다. 통의 나무가 불쾌한 성분을 흡수하고 목재의 가용성성분이 녹아나오기도 한다. 목재는 공기가 유통되므로 용출성분의 산화도 진행되어 성분들 간에 화학반응도 일어나는데 오래될수록 부드러운 맛과 향의 위스키가 된다. 색은 점점 갈색으로 변하며 산과 에스테르성분, 탄닌 성분이 급증하고 pH도 낮아진다. 통내 액은 증발되므로 매년 몇 %씩 감소한다. 저장된 위스키는 다시 다른 위스키와 섞는데 이를 브랜딩blending이라 한다. 브랜딩의 효과는 품질을 균일하게 해주고 개별적인 위스키의 결점을 서로 보완해주어 일반적으로 제품의 질이 향상된다. 브랜딩이 끝난 위스키는 다시 통에 저장된 후 일정한 알코올 도수로 맞춰준 후 여과하여 포장된다. 이 경우 브랜디드위스키blended whisky라고 한다.

스카치위스키와는 달리 그레인위스키grain whisky는 맥아를 전체 곡류의 10-20% 정도 사용하고 나머지를 옥수수 등 다른 전분을 사용하여 제조한 위스키이다. 곡물가루에 분쇄맥아를 가해 당화시킨 후 이를 그대로 발효하되 3-5일 만에 발효를 완료한다. 이때 5-7% 정도의 알코올이 함유된 발효액이 얻어지는데 이를 연속식증류기로 증류하여 알코올 85-95%의 곡류 특유의 향미를 갖는 분획을 얻는다. 이를 참나무통에 저장하는데 몰트위스키보다 숙성이 빠르고 2년 정도면 사용이 가능하다. 이를 몰트위스키와 섞어주면 상호 보완되어 양질의 위스키가 된다. 나무통에 저장하기 전의 그레인위스키는 보드카나 진의 원료로 사용되기도 한다. 대표적으로 버번bourbon(옥수수를 51% 이상 사용), 콘위스키corn whisky(옥수수를 81% 이상 사용), 라이위스키rye whisky(rye 귀리를 51% 이상 사용) 등이 있다.

6) 보드카

보드카는 러시아를 중심으로 발달하였고 동유럽과 미국 등에서 대량 생산된다. 원래는 감자, 옥수수, 고구마, 보리 등을 원료로 발효하고 증류한 것을 자작나무 숯으로 여과한 것이다.

지금은 그레인위스키를 알코올 도수 40% 정도로 희석한 후 목탄층을 서서히 통과시켜 생산하는 데 목탄층의 숫자와 접촉시간에 따라 제품이 크게 달라지는 데 일반적으로 양질일수록 접촉시간이 길다. 탄층 통과에 의해 증류 직후의 알코올액이 가진 결점이 없어지고 거의 무색, 무미, 무취에 가까운 술이 만들어지나 어떤 술과도 잘 조화되므로 칵테일용으로 널리 이용된다. 스웨덴의 엡슬류트Absolut와 핀란드의 핀란디아Filandia가 유명하다.

7) 진

진Gin의 원료는 그레인위스키 또는 그것을 재증류한 것을 사용한다. 여기에 두송실juniper berry 등의 향기성분을 가하여 알코올 성분 약 60% 정도로 맞춰준 후 증류기에서 스팀 가열에 의해 증류한 것이다. 향료식물을 가해 증류하는 대신 알코올에 향료를 직접 가하여 향미를 조절하여 제품으로 하기도 한다. 향기성분은 쉽게 산화되어 향미가 변하기 쉬우므로 통에 저장하지 않고 병에 포장하여 출하한다.

8) 럼

럼주Rum는 사탕수수즙액이나 당밀 또는 설탕 제조 중에 나오는 부산물을 효모로 발효시키고 증류하여 나무통에 저장하여 만든 술이다. 미국, 쿠바, 자메이카, 푸에르토리코, 마다가스카르 등에서 생산되는 술이다. 알코올은 50%에서 거의 100%에 육박하는 것도 있고 저장기간도 우량품은 3년 이상 길게는 20년까지 저장한 것도 있다고 한다. 유출기간에 따라 착색정도와 향미가 달라진다. 증류는 단식증류기로 2회하고 착색은 보통 캐러멜을 사용한다.

9) 소주

소주는 곡류, 서류(고구마 등), 당밀을 발효시켜 증류한 주정을 알코올 농도 20-30%(최근엔 16.9%까지도 있다)로 조절하여 제품으로 만든 것으로 위스키, 보드카, 럼 등과 비슷한 증류주이며 우리나라와 일본에서 많이 소비된다.

재래식소주는 일반적으로 밀이나 기장으로 만든 조곡을 이용하였으나 남부지방의 경우 쌀, 찹쌀을 북부지방에서는 보리, 기장, 조, 옥수수 등도 이용하였다. 서울의 마포, 평양, 안동, 구례, 강경, 마산, 제주 등 지방에 따라 제조방법에 차이가 있었다. 때로는 탁주나 약주를 만들고 난 박을 증류하여 제조하기도 하였다.

증류기로는 가정에서는 솥을 이용하여 증류하기도 했으나 토고리, 동고리, 철고리를 주로 사용하였다. 1897년경부터 주정을 물로 희석하여 재래식소주와 혼합한 희석식소주가 제조되기 시작했고 1920년경부터는 증류식소주가 제조되었다.

증류식소주는 일본 양조기술의 보급에 따라 1920년부터 사용하기 시작한 흑국균을 누룩으로 배양하여 쌀, 수수, 조, 고구마 등을 발효하여 단식증류기로 증류한 것이다. 한 번만 증류했기 때문에 알코올 외에도 알데히드, 휴젤 오일fusel oil, 퍼퍼랄furfural 등 향미성분이 많아 원료에 따라 독특한 향을 가진다. 이들 성분으로 인해 많이 마시면 숙취가 올 수 있다. 1960년대까지 많이 제조되었으나 희석식소주의 출현으로 생산 중단되었다.

현재 우리가 보는 소주가 **희석식소주**인데 연속식 증류기로 증류한 정제주정을 물로 희석하여 제조한다. 연속증류 과정에서 알데히드, 휴젤 오일, 메탄올, 각종 향기성분 등이 거의 제거되어 무미건조하나 기호에 맞게 감미료, 소금, 유기산, 당, 조미료 등을 첨가하여 맛을 조절하여 제품화한다. **거의 순수 알코올에 가까워 숙취가 거의 없다. 통상 술을 마신 후 두통 증세를 보이는 것은 발효 중 생긴 휴젤 오일, 메탄올 등 발효 중 생긴 알코올 이외의 성분들 때문인데 희석식소주는 연속증류 과정에서 이 같은 성분들이 제거되기 때문이다.** 따라서 소주는 보드카와 더불어 가장 숙취가 없는 술이 되겠다. 섞어 마셨을 경우 숙취를 보이는 것은 소주 때문이 아니라 다른 술 때문이다.

일본의 갑류소주는 고구마나 당밀을 원료로 하고 알코올 36% 이하인데 우리나라의 희석식소주와 비슷하다. 을류소주와 소량 혼합하기도 한다. 을류소주는 우리나라의 재래식소주와 같은데 알코올 45% 이하의 증류주이다. 쌀소주, 보리소주, 고구마소주 등이 있으나 고구마소주가 대표적이다.

이외에도 목재통에 저장하여 목재의 향과 색을 추출한 목향소주가 있다.

10) 고량주

중국술은 소흥주, 황주, 고량주 등 여러 가지가 있으나 우리나라의 경우 주로 고량주가 많이 소비되고 있으므로 고량주에 대해서만 간단히 서술한다.

고량주는 수수를 원료로 해서 제조된 증류주이다. 만주에서는 백주白酒라고 부르며 백주가 수분이 적어 건조하다는 의미에서 백건아白乾兒 또는 빼갈이라고 한다. 누룩을 만들기 위해서는 주로 보리와 팥을 원료로 하지만 밀, 옥수수, 메밀, 검은콩 등을 사용하기도 한다. 찐 수수에 누룩가루를 혼합하고 적당한 수분을 주어 반고체 상태로 만든 후 밀봉하여 공기를 차단한 상태에서 땅에 묻어 당화와 발효를 시킨다. 9-10일 후 발효를 종료한 후 증류하여 제품화한다.

11) 브랜디

브랜디Brandy는 과일을 원료로 하여 양조한 과실주를 증류하여 만든 증류주이다. 앞서 위스키에서 설명한 브랜딩blending과 혼동하지 말기 바란다. 우리말로는 비슷하게 발음되나 영어 스펠은 완전히 다르다. 일반적으로 브랜디는 주로 포도브랜디grape brandy를 말한다. 프랑스의 꼬냑Cognac과 아마냑Armagnac이 유명하다.

포도주와 마찬가지로 브랜디도 품질은 포도 원료의 품질이 중요하다. 과즙의 산도가 높고 당 함량도 18-19%로 포도주보다 낮은 당도의 것이 브랜디 제조에는 더 좋다고 한다. 발효 후 발효액을 그대로 증류하는데 증류에 따라 제품이 크게 달라진다. 우량주의 생산에는 단식

증류기pot still를 사용하고 연속증류기를 사용하기도 한다. 저장조건은 위스키와 같다.

유명회사로는 헤네시Hennessy, 레미마틴Remi martin 등이 있다. 특이한 점은 병에 표시한 문구로 참나무통에서의 숙성기간에 따라 V.O.(very old; 5년 정도), V.S.O.(very superior old; 5-12년), V.S.O.P.(very superior old pale; 12년 이상), Napoleon & X. O.(20년 이상) 등의 표시가 있다.

브랜디는 과실을 원료로 하므로 위스키에 비해 방향이 뛰어나다. 위스키는 얼음에 마시기도 하지만 브랜디는 가능한 체온으로 데워 방향을 즐기면서 마신다. 따라서 위스키에 비해 편평하면서도 손이 닿는 면적이 넓은 잔을 사용한다.

cider를 증류하여 만든 것을 사과브랜디apple brandy라고 하는데 나무통에 저장하기도 하지만 나무통에 저장 하지 않은 것도 있다. 미국에서는 애플잭apple jack이라고도 부른다.

우유 및 우유 가공품

우유는 20가지 아미노산이 비교적 골고루 함유된 식품이다. 우유섭취와 골다공증 예방에 대해서는 서로 상반된 견해가 존재한다. 대체로의 의견은 칼슘이 풍부해 골다공증 예방에 도움이 된다는 것이다.

통상 우리가 1등급 우유라고 알고 있는 것은 냄새, 외관, 색상에 문제가 없고 신선한 것이다. 신선도는 알코올로 지방응고 여부를 검사해서 판단한다. 세균이 번식하면 산성이 되므로 pH를 재어 세균 번식 여부를 검사하는데 신선한 우유는 pH 6.8 근처이다. 물로 희석했을지도 모르므로 비중을 재어 희석여부를 판단한다. 희석하지 않은 것은 비중이 1.028-1.034이어야 한다. 지방함량은 보통 3.2-3.4% 정도되는데 이는 고형분 중 약 30%에 해당하는 것이다. 보통 미생물 숫자가 밀리리터당 1-30만 정도되는데, 이는 젖소의 유방에 세균이 자연적으로 있거나 착유과정에서 오염된 것이다. 따라서 항생제 검사를 한다. 항생제를 사용했을 경우 유산균이 자라지 못한다. 집에서 요구르트를 만들어 보면 요구르트가 만들어지지 않는다.

우유 살균은 전통적으로는 파스퇴르 저온살균법을 따랐다. 즉 60-65℃에서 30분간 세 차례 처리하는 것이다. 그러나 이후 고온순간살균법(72℃ 15초 살균 후 10℃ 냉각)과 초고온순간살균법(130-150℃ 1-5초 처리 후 급속냉각)이 개발되어 현재 대부분의 회사는 이 방법에 의해 살균한다. 물론 드물지만 아직 파스퇴르법을 따르는 회사도 있다. 우유를 멸균처리(이를 위해서는 고온에서 장시간 처리해야 함) 하지 않고 살균처리 하는 것은 영양분 파괴를 최소화하고 열량의 낭비를 막아 비용을 절감하는 데 있다.

시유

시유City milk, Market milk란 우유를 마실 수 있게 하기 위해 적당한 처리를 한 후 위생상 안전한 형태로 한 것을 말한다. 이때 비타민 등의 영양가 손실을 최소화하면서 해로운 균은 죽이고 여과하고 균질화한 것이다.

강화우유

비타민 A, D나 DHA, 칼슘 등의 무기질을 첨가하여 보통 우유보다 영양적으로 강화시킨 우유를 강화우유라고 한다.

우유음료

일반 우유에 향료나 감미료. 커피, 코코아, 초콜릿 등을 첨가한 우유는 우유음료라고 부른다.

유청음료

우유를 사용하여 치즈를 제조할 때 레닌rennin이라는 효소를 이용하여 카제인 단백질을 침전시키고 나면 맑은 액체가 남게 되는데 이를 유청whey이라고 한다. 이 유청에 여러 가지 감미료 등을 첨가하고 탄산을 포집하여 우유탄산음료로 만든 것이 유청음료whey drink이다.

연유

연유에는 가당연유와 무가당연유가 있다. 무당연유는 진공솥에서 우유를 2.5배 정도 농축한 것이다. 설탕 첨가를 하지 않으면 방부력이 없다. 그러나 가당연유는 약 16%의 설탕을 첨가하여 진공솥에서 2.5배 농축함으로써 저장성이 좋다. 설탕이 첨가되어 있으므로 칼로리에 유의해야 한다.

분유

우유를 농축 건조한 것을 분유라고 하는데 전지분유, 탈지분유, 조제분유가 있다. 조제분유란 사람의 모유와 조성이 비슷하게 성분을 조정한 것이다. 예로 우유의 경우 카제인과 무기염의 함량이 모유보다 다소 높고 모유는 유당과 지방산 중 특히 올레산oleic acid이 우유에 비해 높은 편이다. 따라서 이 비율을 조절해 줌으로써 우유를 모유와 유사하게 바꿀 수 있다. 이 기술이 우유회사의 실력이기도하다.

스킴밀크

우유를 정치(가만히 둠)하면 우유의 지방성분은 물보다 비중이 낮으므로 위로 뜬다. 지방끼리는 엉기는 성질이 있으므로 지방층이 생기게 된다. 이 지방층을 크림Cream이라고 부르는데 현재는 크림만 따로 분리해주는 크림분리기가 있어 크림층과 나머지 부분으로 쉽게 나눌 수 있으며 크림이 빠진 나머지 부분을 스킴밀크skim milk라고 한다.

skim은 허깨비라는 의미로 과거에는 우유에서 가장 중요한 성분을 유지방으로 생각했기 때문에 스킴밀크는 알맹이가 빠진 빈껍데기 우유라는 의미가 포함되어 있다. 그러나 콜레스테롤과 지방을 걱정하는 요즈음에는 전혀 다른 개념으로 다가온다. 스킴밀크를 선호하는 사람도 많이 있다.

발효유

1905년 메치니코프Metchnikoff는 불가리아 지방의 사람들이 장수하는 이유가 발효유를 많이 마셔 장내이상발효와 위장질환을 방지해주기 때문이라는 학설을 발표했다. 사실 태아에서 우리는 무균상태에 가깝게 태어나나 출생 후 1-2일이 지나면 대장균 등의 부패균이 먼저 자리를 잡고 이후 유산균과 비피더스균 등이 장에 자리를 잡으면서 유해균이 감소하게 된다. 생후 1주일 이면 장내세균의 세력관계가 안정되는데 이 무렵에는 유산균이 전체 창자세균의 약 90%를 차지한다고 한다. 그러나 이유식을 시작하면서 장내 균총은 큰 변화를 겪게 되는데 7살쯤 되면 성인과 거의 비슷하게 된다고 한다. 일반적으로 장내 유산균이 장내 병원균의 생육을 억제한다고 알려져 있으며 일단 유산균이 장내에 정착하면 정장작용을 한다고 한다.

정장작용에 참여하기 위해서는 섭취한 유산균이 위산과 소장의 담즙산에 견뎌내고 대장에 도달해야 하는데 락토바실러스 불가리카스Lactobacillus bulgaricus나 스트렙토코카스 스모필러스Streptococcus thermophilus 등의 유산균은 장관에 도달하기 전에 대부분 사멸하는 것으로 알려져 있어 효과를 기대하기 어렵다. 락토바실러스 에시도필러스Lactobacillus acidophilus라는 유산균은 산과 담즙산에 강해 정장에 효과적이라고는 하나 장내 정착 여부는 불확실하다. 과거에는 스트렙토코카스 불가리카스Streptococcus bulgaricus, 스트렙토코카스 락티스Streptococcus lactis, 스트렙토코카스 크레모리스Streptococcus cremoris, 스트렙토코카스 스모필러스Streptococcus thermophilus, 락토바실러스 불가리카스Lactobacillus bulgaricus 등을 단독 또는 복합으로 이용하였다. 그러나 최근 많은 새로운 유산균들 예로 락토바실러스 람노수스Lactobacillus rhamnosus GG, 락토바실러스 콘푸수스Lactobacillus confusus, 비피도박테리아Bifidobacteria, 락토바실러스 류테리Lactobacillus reuteri 등이 제품으로 개발되었고 캡슐을 이용해 위를 통과한 후 장에 방출되는 제품들까지 개발되어 제품화되어 있다.

현재 우리나라의 제품규격은 유산균수가 1밀리리터당 천만 이상이어야 하고 농후발효유는 1밀리리터당 1억 이상이어야 한다. 보존료로서는 0.03% sorbic acid 등이 사용되고 있다.

회사에서 제품을 생산할 때는 살균한 우유 또는 탈지유를 원료로 종균을 키운 스타트starter를 접종하여 제조하지만 집에서 직접 만들 경우는 시장에서 파는 요거트와 시판우유를 섞어 가정용 배양기에서 누구나 쉽게 만들 수 있다. 유산균 음료는 이를 희석하여 마시기 좋게 음료로 개발한 것으로 침전방지를 위해 CMC, 알긴산소다 등과 감미료, 향료, 색소 등이 첨가되고 이를 균질화시킨 것이다.

버터

버터는 유지방을 교반churning시키고 유지방을 집합시켜 만들어진 영양가가 높은 유지방식품이다. 소화속도가 식용유지 중 가장 빠르다고 하는데 식염을 첨가하지 않은 것도 있으나 일반적인 조성은 지방 80% 이상, 무지고형분 1%, 식염 2-3%. 수분 약 16%이다. 구미에서는 발효버터sour cream butter가 많이 소비되나 우리나라와 일본 등에서는 주로 발효하지 않은 버터가 주로 소비되고 있다. 발효크림버터는 독특한 향di-acetyl, acetoin 등의 방향물질이 있으나 변질되기 쉽다.

버터 색소는 일반적으로 카로틴carotene이나 그 함량은 소의 품종과 사료, 계절에 따라 달라진다. 색을 일정하게 하기 위해 착색제 사용하는데 착색제로는 아나또annatto(열대성식물에서 우려낸 색소로 카로틴과 비슷하고 지방입자에만 착색) 또는 베타카로틴β-carotene을 사용한다. 만들어진 버터는 적당한 조직을 가진 덩어리로 만들기 위해 이기는 작업을 거치는데 이를 연압이라 한다. 버터를 보관할 때는 냉동 보관이 안전하다.

마가린은 유제품이 아니나 버터와 대비되는 인조버터이므로 여기서 간단히 언급한다. 과거에는 유지방 자체가 고가이므로 버터가격은 매우 비싸 가난한 사람이 구매하기 어려웠다. 이 같은 배경에서 마가린은 버터를 대용할 수 있는 값싼 대체품으로 생산되었다.

마가린은 기름 80%와 물, 우유 20%를 함께 섞어 유화시킨 제품으로 식용경화유(어유, 야자유 등을 경화시킨 것), 정제동물지방(소기름, 돼지기름 등), 면실유, 팜유, 콩기름, 낙화생유 등이 이용된다. 부원료로는 발효우유, 소금, 유화제, 보존료, 산화방지제, 향료, 착색제, 비타민 A 등을 사용한다.

불포화지방에 수소를 첨가해서 포화상태로 만들어 주는 경화를 어느 정도하느냐에 따라 녹는점을 조절할 수 있으므로 다양한 경도(딱딱한 정도)와 색을 가진 제품을 만들 수 있다. 따라서 계절에 따라 녹는 온도를 조절하여 겨울에도 딱딱하지 않고 부드러운 마가린과 여름에도 허물거리지 안고 냉장고에서 갓 꺼낸 것처럼 딱딱한 마가린을 제조할 수 있다. 또 버터가 베타카로틴 또는 아나또에 의한 거의 유사한 1-2가지색의 제품만을 생산할 수 있는 반면 마가린은 다양한 색의 제품이 가능하다.

문제는 수소화과정에서 예기치 않게 만들어지는 트랜스지방trans fat이다. 트랜스지방의 생성은 수소화 과정에서 어쩔 수 없는 대가라고 보아야 한다. **마가린의 소비는 가능한 줄이는 것이 건강을 위해 바람직한 방향이다.**

치즈

치즈는 우유에 응유효소rennet 또는 젖산으로 우유단백질을 응고시킨 다음 유청을 제거하고 치즈압착기로 압착하여 소금을 가한 것을 생치즈green cheese라고 하는데 곰팡이 발생과 수분 증발을 막기 위해 파라핀으로 막고 곰팡이, 세균 등으로 숙성시킨 고단백식품이다. 통상 우유 100킬로그램을 사용하면 치즈 8.3-8.5킬로그램 정도가 만들어진다.

원산지, 숙성정도, 유산균의 종류, 외관(구멍이 뚫린 것도 많음) 등에 따라 약 800종에 달하고 유사제품까지 합치면 약 2,000종 이상이 된다고 한다. 치즈는 보통은 경도와 숙성방법에 따라 분류한다. 경도에 따라 연질soft, 반경질semi-soft, 경질hard, 초경질very hard 4가지로 나눈다. 연질치즈는 일반적으로 수분 함량이 높아(수분 40% 이상) 보관성이 떨어진다. 숙성기간이 대체로 짧은 데 대표적인 것으로는 유산균을 이용한 림버거Limburger, 곰팡이를 이용한 카멤베르트Camembert를 들 수 있다. 젖산을 이용하여 제조한 카티지치즈cottage cheese는 저장성이 없으므로 가능한 빨리 소비해야 한다. 반경질치즈는 수분 함량이 36-40% 정도로 수주에서 수개월 간 숙성시킨 것이다. 대표적인 것으로는 유산균을 이용한 브릭Brick, 곰팡이를 이용한 고르곤졸라Gorgonzola, 로크포트Roquefort, 블루Blue 등을 들 수 있다. 경질치즈는 수분함량이 25-36%로 숙성기간이 수개월에서 1년 정도이다. 대표적인 것으로는 유산균을 이용한 체다cheddar가 있다. 체다치즈는 우리나라에서 가장 많이 소비되는 제품이기도하다. 초경질치즈는 수분이 25% 이하로 숙성기간이 수개월에서 1년 이상 걸리는데 세균에 의해 숙성시킨 파르메산치즈parmesan cheese가 대표적이다.

치즈제조 중 유당은 대부분 유청으로 옮겨가므로 우유를 먹고 탈이 나는 사람도 치즈는 별 문제가 없는 경우가 많다. 가격이 비싸 문제이지 탄수화물과 곁들인다면 단일식품으로는 거의 완벽에 가까운 식품이다.

육가공 식품

가축을 도축하면 도살 직후는 근육이 유연하지만 시간이 경과하면서 경직상태가 된다. 이를 사후경직 또는 사후강직이라고 하는데 경직되기 시작하여 완성되기까지 경과하는 시간은 동물에 따라, 죽기 직전의 상태에 따라, 저장온도에 따라 다르다. 휴식을 많이 취한 동물은 경직이 느리게 진행되고 도살 직전 굶거나 격렬한 운동을 한 동물은 경직이 빠르다.

동물이 죽으면 호흡이 정지되므로 산소공급이 중단된다. 동물 전체로는 죽은 상태이나 아직 몸을 구성하는 세포들은 살아 있어 생명현상을 유지하고 있다. 체내의 당과 글리코겐 등은 호흡을 할 때는(산소가 공급될 때는) 완전 분해되어 이산화탄소와 물로 전환되지만 산소가 공급되지 않으면 해당과정에 의해 분해되고 효율적이지는 못하나 에너지 생산이 이루어진다. 에너지가 만들어지는 동안은 근육의 수축

이 느리게 진행되나 해당과정 이후 정상적인 분해로 넘어가지 못하므로 해당과정에서 생긴 피루부산pyruvate이 젖산으로 전환되어 체내에 젖산이 쌓이게 된다. 젖산으로 인해 서서히 근육의 pH가 낮아지고 도살 직후 pH가 6.5-6.9였던 것이 5.3-5.5 근처로 떨어지면 해당 작용에 관여하는 효소들도 더 이상 작용하지 못한다. 마침내 근육의 pH는 5.3 이하로 떨어지고 근육의 액틴과 미요신은 에토미요신으로 바뀌면서 딱딱해진다.

사후경직과 유사한 현상은 우리가 평소 운동을 잘 하지 않다가 갑자기 격렬한 운동을 한 후 온몸에 근육경직을 경험하는 것과 같은 현상이다. 갑작스런 운동으로 우리 몸은 필요한 에너지를 공급하고자 해당과정의 비율을 높이고 이때 만들어진 피루부산은 젖산으로 바뀌어 몸에 누적된다. 일단 근육의 경직이 일어나면 젖산이 분해될 때까지 상당한 시간이 소요된다.

사후강직이 일어난 고기가 젖산이 분해되는 과정을 숙성이라고 한다. 숙성에 필요한 시간은 도살체와 숙성온도 등에 따라 다르다. 소고기는 통상 7-10일, 양고기는 3-5일, 돼지고기는 1-2일 정도 걸린다고 한다. 숙성정도에 따라 고기의 연한 정도, 맛이 많이 달라진다. 대형 마트라면 다른 스토리가 되겠지만 여러분이 자주 애용하는 조그만 단골 정육점에서 항상 맛있는 고기를 여러분에게 파는가? 그렇다면 그 주인은 여러분을 단골로 판단하고 있는 것이다. 주인은 숙성기간 중 어느 무렵에 고기가 가장 맛있는지를 알고 있기 때문이다. 떠내기 손

님에게 잘 숙성된 고기를 주지 않고 단골에게 선별해서 줄 가능성이 있다.

햄

햄은 원래 돼지의 허벅지살을 의미한다. 햄 부위를 충분히 냉각시키고 소금, 초석(KNO_3), 아질산염($NaNO_2$), 설탕 등을 섞은 침지액에 약 10일 정도 절인 후 훈연한 제품을 햄이라고 부른다.

아질산염은 고기의 헤모글로빈, 미요글로빈 등이 짙은 갈색 또는 검은 색으로 변하는 것을 막아 붉은 색을 유지하기 위한 것이다. 훈연작업은 목재를 불완전연소시켜 생기는 연기성분을 식품표면에 부착 침투시켜 건조하는 작업이다. 훈연과정을 거치면 독특한 향과 맛이 나는데 연기의 방부성물질로 인해 미생물 생육을 억제해 주는 효과도 있다. 사용되는 목재는 단단하고 잘 건조된 것이 좋고 주로 오리나무, 자작나무, 참나무, 호두나무, 벚나무 등이 사용된다. 훈연방법에 따라 저온(25-35℃)에서 장시간 행하는 저온훈연cold smoking과 고온(50-70℃)에서 단시간 행하는 고온훈연hot smoking이 있다. 저온훈연은 수분이 충분히 제거되어 중량감소가 크고 색이 나쁘다. 고온훈연은 수분함량이 높아 오래 저장하면 부패되기가 쉬우므로 통조림으로 만들거나 냉장 보관해야 한다. 전통적인 방법은 아니지만 나무를 건류해서 얻은 목재 건류농축액을 식품에 쬐거나 목재건류농축액에 담그거나 발라서 맛과 보존효과를 높이기도 한다.

햄 중에 돼지허벅지살을 뼈가 있는 채로 다듬어 만든 것을 레귤라햄regular ham, 뼈를 발라내고 제조한 것을 본리스햄boneless ham, roast한 것을 사용한 로스트햄roast ham, 물로 살짝 찐 후 제조한 보일햄boil ham, 돼지고기와 소고기를 혼합하여 만든 것을 프레스햄press ham이라고 한다.

베이컨

베이컨은 돼지의 복부 갈비살을 늑골은 빼고 나머지 부위를 햄과 같은 방법으로 제조한 것이다. 보통 소금에 절여 훈연하는데 훈연시간은 햄보다 낮은 온도에서 길게 한다.

소시지

소시지는 햄과 베이컨 등을 제조하고 남는 부위를 갈아 조미한 것을 훈제하여 만드는데 내장과 혈액까지도 이용 가능하고 돼지고기 외에 소고기, 양고기 등도 이용한다. 젤라틴, 전분, 밀가루를 첨가하여 점성을 높이기도 하고 소금, 설탕, 향신료 등을 기호에 따라 넣으며 심지어 파, 양파 등도 첨가한다. 한마디로 햄과 베이컨에 비해 격이 떨어지는 음식이다.

원래는 casing시 동물의 장을 소금에 절여 이용하였으나 근래에는 셀로판, 비닐, 폴리에틸렌 등을 사용하기도 한다. 봉입된 재료는 실로 묶고 1-2시간 건조 후 훈연과정을 거친다. 드라이소시지dry sausage는 가벼운 훈연 후 장시간 말린 것이나 도메스틱소시지domestic sausage는 장기간 보존 보다는 풍미에 중점을 두어 만든 것으로 제품의 종류가 다양하고 경우에 따라서는 훈연하지 않고 70℃에서 30-60분 정도 삶아서 제품화하기도 한다.

CHAPTER 14

기능성식품

우리나라의 기능성식품

⋮

기능성식품의 효능성 논란

우리나라 사람의 기능성식품에 대한 관심은 유별나다. 소득이 증가하면서 건강에 신경을 쓰는 것은 너무도 당연한 일이다. 문제는 기능성식품에 너무 집착하다보니 중복해서 먹게 되고 이로 인해 과다섭취와 부작용이 문제가 된다. 하지만 연로하신 부모, 친척에게 선물로 선호하는 것이 기능성식품이기도하다. 현재 우리나라에는 각종 종합비타민, 오메가3, 간장약, 홍삼, 마늘즙, 양파즙, 심지어 자라 엑기스까지 너무나 많은 종류와 형태의 기능성식품들이 유통되고 있다. 우리나라의 건강기능식품 시장의 규모는 3조 이상으로 추정된다.

그러나 각종 기능성식품이 건강에 도움이 되는 원리에 대한 제대로 된 설명은 없다. 각종 신문 등의 건강섹션이나 출간된 책들도 사실상 근본적인 설명과 실제 기능성식품과의 연관성은 찾기 어렵다. 때문에 제대로 설명을 못하면서도 그럴듯한 설명으로 포장하여 건강식품을 추천하는가 하면 논란 속의 건강기능식품 조차도 버젓이 좋은 식품으로 소개하고 있다.

이런 식이다 보니 각종 TV프로 등에 어떤 건강식품을 먹고 암 등 원인 모를 각종 병들이 나았다는 내용들이 아무런 여과없이 방송되곤 한다.

몸이 아프면 병원을 가는 것이 정답이다. 기능성식품은 어디까지나 보조제이다. 영양이 부족한 사람에게 영양이 풍부한 음식을 먹게 하는 것은 당연히 건강에 도움이 될 것이다. 예로 어떤 사람이 몹쓸 병에 걸린 후에 개소주를 먹고 빨리 회복되었다고 하면 이는 고단백, 고

지방에 의한 영양공급이 회복을 도왔을 것이다. 그래도 개소주의 경우는 영양적인 문제이므로 단순한 경우이다. 하지만 사실 많은 기능성식품들은 그 효능이 제대로 증명된 것이 없다. 정제된 성분과 식품은 효능이 다르다는 보고도 많다.

우리나라의 기능성식품

우리나라의 건강기능식품에 관해서는 식약처에서 따로 홈페이지를 운영하고 있다. http://www.foodnara.go.kr/hfoodi

이에 따르면 건강기능식품은 기능성원료와 기타 식품 또는 식품첨가물로 적합한 원료를 사용해서 제조가공한 제품이다.

여기서 말하는 건강기능식품의 기능성은 질병의 직접적인 치료나 예방이 아니라 인체의 정상적인 기능을 유지하고 생리기능 활성화를 통한 건강의 유지와 개선이다. 이를 위해 식품의 기능을 영양소 기능과 생리활성기능으로 나누고 있다.

식약처 홈페이지에 공시된 기능성 원료에 따른 건강기능식품은 표 4와 같다.

영양소기능은 인체의 성장 · 증진 및 정상적인 기능에 대한 영양소의 생리학적 작용이고, 생리활성기능은 인체의 정상기능이나 생물학적 활동에 특별한 효과가 있어 건강상의 기여나 기능향상 또는 건강

표 4 종류별로 본 기능성 원료

종 류	제 목
영양소	비타민(비타민 A, D, E, K, 베타카로틴, 비타민 B복합체, 비타민 C)과 각종 무기질(칼슘, 마그네슘, 철, 아연, 구리, 셀레늄, 요오드, 망간, 몰리브덴, 칼륨, 크롬), 식이섬유, 단백질, 필수지방산
터펀류	인삼, 홍삼, 엽록소 함유 식물, 스피루리나, 클로렐라
페놀류	알로에 전잎, 프로폴리스 추출물, 대두이소플라본, 구아바잎 추출물, 달맞이꽃종자 추출물, 바나나잎 추출물, 은행잎 추출물, 코엔자임 Q10
지방산 및 지질류	오메가3지방산 함유유지, 감마리놀레산 함유유지, 레시틴, 스쿠알렌, 알콕시글리세롤 함유 상어간유, 옥타코사놀 함유유지, 매실추출물, 공액리놀레산, 가르시니아캄보지아 추출물, 루테인, 식물스테롤/식물스테롤에스테르, 포스파티딜세린, 쏘팔메토열매 추출물, 헤마토쿠스 추출물
당 및 탄수화물류	글루코사민, N-아세틸글루코사민, 뮤코다당단백, 알로에 겔, 영지버섯자실체 추출물, 키토산/키토올리고당, 프락토올리고당, 식이섬유(구아검, 구아검 가수분해물, 귀리, 글루코만난, 난소화성말토덱스트린, 대두식이섬유, 목이버섯, 밀식이섬유, 보리식이섬유, 아라비아검, 옥수수겨, 이눌린, 치커리추출물, 차전자피, 폴리덱스트로스, 호로파종자)
발효미생물류	프로바이오틱스, 홍국
아미노산 및 단백질류	테아닌, 대두이소프라본
기타류	녹차추출물, 밀크씨슬추출물, MSM
개별인정원료	보이차추출물, 홍국쌀, 홍삼농축액, 쌀겨추출물, 깻잎추출물, 백수오등 복합추출물, 콜라겐효소분해 펩타이드, L-카르틴 타르트레이트, 갈락토 올리고당, 타가토스, 키토올리고당, 스피루리나 등 다수

유지·개선 기능을 말하며 질병발생 위험감소 기능은 식품의 섭취가 질병의 발생 또는 건강상태의 위험을 감소하는 기능이다.

영양소부문에는 각종 비타민(비타민 A, D, E, K, 베타카로틴, 비타민 B 복합체, 비타민 C)과 무기질(칼슘, 마그네슘, 철, 아연, 구리, 셀레늄, 요오드, 망간, 몰리브덴, 칼륨, 크롬), 식이섬유, 단백질, 필수지방산 등 총 28가지 영양소에 대해 기능성의 내용과 일일섭취량이 표시되어 있다.

생리활성기능은 기능성 근거자료가 질병발생의 위험감소를 나타내며 확보된 과학적 근거자료의 수준이 과학적 합의에 이를 정도로 높을 경우와 인체의 정상기능이나 생물학적 활동에 특별한 효과가 있어 건강상의 기여나 기능향상 또는 건강유지 · 개선을 나타낸 경우라고 밝히고 있다.

생리활성기능의 경우 22가지 기능성 분야로 나눈 정보와 원료별 정보를 제공하고 있다.

식약처 홈페이지에 공시된 기능별 건강기능식품 목록은 다음과 같다(표 5).

표 5 기능성 내용별로 본 기능성 원료

번호	기능성	원료
1	장건강	갈락토올리고당, 구아검가수분해물, 대두올리고당, 라피노스, 난소화성말토덱스트린, 프럭토올리고당, 이소말토올리고당, 자일로올리고당, 프로바이오틱스, 대두올리고당, 분말한천
2	혈당조절	구아바잎추출물, 난소화성말토덱스트린, 바나나추출물, 솔잎증류농축액, 알부민, 콩발효추출물, 타가토스, 탈지달맞이꽃 종자추출물 등
3	관절 뼈 건강	글루코사민, 로즈힙분말, 초록립홍합추출오일, MSM(Dimethyl sulfone), 대두이소플라본, 흑효모분말 등
4	콜레스테롤 개선	대나무잎 추출물, 보리베타글루칸 추출물, 보이차 추출물, 스피루리나, 식물스타놀에스테르, 아마인, 알로에 추출물, 창녕양파추출액, 홍국쌀 등

표 5 기능성 내용별로 본 기능성 원료(계속)

번호	기능성	원료
5	체지방감소	가르시니아캄보지아껍질 추출물, 공액리놀레산, 그린마떼 추출물, 녹차추출물, 대두배아추출물, 중쇄지방산 함유유지, 콜레우스포스콜리추출물, L-카르틴타르트레이트 등
6	면역기능	게르마늄효모, 금사상황버섯, 당귀혼합추출물, 클로렐라, 표교버섯균사체, L-글루타민, Enterococcus faecalis 가열처리건조분말, 다래추출물, 소엽추출물, 스피루리나 등
7	항산화	대나무잎추출물, 메론추출물, 복분자추출물, 코엔자임Q10, 토마토추출물, 포도종자추출물, 프랑스해안송껍질추출물, 고농축녹차추출물
8	피부건강	소나무껍질추출물 등 복합물, 곤약감자추출물, N-아세틸글루코사민, 히아알우론산나트륨, 쌀겨추출물, AP콜라겐 효소분해 펩타이드, 지초추출분말, 홍삼 · 사상자 · 산수유복합추출물
9	혈압조절	가쯔오부시올리고펩타이드, 연어펩타이드, 올리브잎추출물, 정어리펩타이드, 카제인가수분해물, 코엔자임Q10, 해태올리고펩타이드, L-글루타민산 유래 GABA함유분말 등
10	혈중중성지방개선	글로빈가수분해물, 난소화성말토덱스트린, 대나무잎추출물, 식물성유지디글리세라이드, 정제오징어유, DHA 농축유지
11	혈행개선	나토배양물, 은행잎추출물, 정어리정제어유, 정제오징어유, 프랑스해안송껍질추출물, 홍삼농축액, DHA 농축유지
12	기억력개선	피브로인효소가수분해물, 원지추출분말, 홍삼
13	간건강	밀크씨슬추출물, 브로크리스프라우트분말, 표고버섯균사체, 복분자추출분말, 헛개나무과병 추출물, 유산균발효 다시마추출물
14	눈건강	빌베리추출물, 헤마토코쿠스추출물, 지아잔틴추출물, 루테인복합물
15	긴장완화	유단백가수분해물, L-테아닌
16	인지력개선	참당귀뿌리추출물, 포스파티딜세린
17	전립선건강	쏘팔메토 열매추출물, 쏘팔메토 열매추출물 등 복합물
18	칼슘흡수	액상프락토올리고당, 폴리감마글루탐산
19	운동수행능력향상	마카젤라틴화분말, 크레아틴, 동충하초발효추출물
20	요로건강	크렌베리추출분말, 크렌베리추출물
21	충치발생위험감소	자일리톨
22	피로개선	발효생성 아미노산복합물, 홍경천추출물

기능성식품의 효능성 논란

기능성식품의 효능을 증명하기는 매우 어렵다. 한 가지 성분을 대상으로 연구를 해도 결론을 내리기 쉽지 않은데 많은 기능성식품의 원료들이 식물추출물이거나 동물, 미생물 발효액, 버섯추출물 등이므로 여러 가지 성분들이 복합적으로 들어 있고 성분들 간에도 서로 상호작용을 하므로 사실상 어떤 효과를 낼지 밝히기 어렵기 때문이다. 또 각 개인마다 처한 상황도 다르다. 예로 오메가3 지방이 몸에 좋다고 고지혈증의 사람이 오메가3 지방이 들어있는 캡슐을 매일 먹는 것은 오히려 건강에 나쁘다. 그 이유는 최근의 연구는 오메가3 지방이 알려진 것처럼 암, 심장병 등에 좋은 것은 아니고 아무 관련이 없는 것 같다는 보고도 속속 나오고 있는데다 오메가3 지방도 지방이므로 환자의 고지혈증만 더 심화시켰을 가능성이 있기 때문이다.

이와 비슷한 예로 감마리놀레산이 있다. 도라지종자와 달맞이꽃 종자 등의 기름에서 추출한 제품이 대부분인데 이는 오메가6 지방산의 일종이다. 염증을 줄이고 콜레스테롤을 개선하고 혈액순환을 도와준다고 알려져 알약으로 먹는 사람이 많았다. 그러나 이 역시도 최근에 염증을 오히려 증가시키는 등 기존에 알려진 것들과 상반된 연구 결과들이 보고되고 있어 여느 다른 오메가6 지방과 다를 바 없는 것으로 보인다.

식약처 홈페이지에 등록된 많은 추출물들도 정말 효과가 있는지를 검증하기는 매우 어렵다. 설사 한두 연구 논문이 효능을 밝혀 발표되었다 하더라도 실험조건에 따라 나중에 뒤집어지는 예가 많기 때문이다. 게다가 많은 사람들이 큰 부작용이 없으면 그냥 넘어가기 때문에 기능성식품에 대해 과잉선전이 행해지는 모양이다.

예로 베타카로틴과 비타민 E(토코페롤)의 경우를 살펴보면 비타민 C, 셀레늄 등과 함께 대표적인 노화방지 항산화제로 알려져 건강에 신경을 쓰는 많은 분들의 애용품이었으나 최근 코펜하겐 쇼크로 알려진 조사결과(5장 비타민 참조)에 의하면 정기적으로 베타카로틴과 비타민 E 정제를 섭취한 사람이 오히려 사망률이 높아 논란이 되고 있다. 이 논문에 대한 반박도 만만치 않으나 논란이 되고 있는 기능성식품을 실험대상이 되기 위해 매일 꼬박꼬박 비싼 가격을 물어가면서 먹는다면 이는 바보같은 행동이 아닌가? 실험동물이 되고 싶은가?

그러나 정제로 된 합성제품 또는 고도로 농축한 제품을 먹는 경우에는 논란이 된 경우가 많으나 식품으로 자연스럽게 먹는 것은 대체로 건강에 도움이 되는 것으로 보고되고 있다. **그럼에도 불구하고 각 식품마다 어떤 기능성 성분이 들어있으므로 몸에 좋다는 식의 접근은 많은 문제가 있다.** 식품의 종류가 너무 많으므로 일반인들이 다 외울 수도 없고 또 외운다 하더라도 그 식품만 집중적으로 편식한다면 이 또한 문제가 될 것이다. 예로 토코페롤이 몸에 좋다하여 토코페롤이 많이 함유된 콩기름, 옥수수기름 등 각종 식용유를 집중적으로 많이 먹을 수도 없는 것 아닌가. 식용유를 자주 많이 먹게 되면 비만과 고지혈증에 걸릴 것이다.

셀레늄이 몸에 좋은 항산화제 역할을 한다고 하더라도 하루에 필요로 하는 양은 극미량(하루 권장량은 50마이크로그램으로 1마이크로그램은 1그램의 백만분의 일이다)인데 매일 약으로 먹는다면 과잉섭취로 인해 여러 가지 중독 증상에 시달릴 수도 있다. 생선, 고기 등의 육류와 고구마, 콩, 연근, 양상추 등 채소에도 들어 있으므로 그냥 골고루 먹는 사람은 아무 문제가 없다.

최근 화제가 된 스쿠알렌을 한 번 살펴보자. 상어기름에 많은 성분이다. 상어가 암에 걸리지 않는다는 등의 이상한 논리로 스쿠알렌의 효능을 과대포장한 후 고가에 판매한다. 노화방지, 면역력 향상, 항산화 등 몸에 좋은 것은 다 언급한다. 하지만 스쿠알렌이 어떤 성분인가? 스쿠알렌은 체내에서 아세틸코엔자임A로부터 콜레스테롤을 합성할 때 만들어지는 중간생성물이다. 우리가 스쿠알렌을 먹는 것은 콜레스테롤 합성 중간단계의 물질을 먹는 것과 같다. 우리 몸은 스쿠알렌이 꼭 필요하다면 알아서 만들어낼 것이다. 필자는 스쿠알렌을 고가에 구입해서 먹는 이유를 모르겠다.

콜라겐과 히아론산의 경우도 이 성분들은 워낙 큰 고분자이므로 경구섭취하거나 바른다 하더라도 이 자체로는 바로 흡수되지 않으므로 피부에 직접 도움이 될 수 없다. 그러므로 효소에 의해 분해되어 저분자 상태로 흡수된 후 각 장기와 피부조직에서 콜라겐과 히아론산으로 재생되어야 한다. 따라서 돼지껍데기 등을 먹는다는 것은 흡수율이 아주 나쁘므로 계란 먹는 것보다 나을 것이 없다.

또 다른 예로는 전 세계적으로 판매된 초기미용식품 Cellasene을 들 수 있다. Cellasene는 여성의 허벅지 등의 지방을 제거해 준다고 선전하며 대대적으로 판매되었으나 2003년도 미국무역협회로부터 다이어트 효과에 대한 인체에서의 과학적 근거미비로 인해 판매중지를 당했다. 그럼에도 불구하고 2014년 현재까지도 구글google에 검색해보면 여전히 다른 나라에서는 판매중이다. 어처구니 없는 일이다. 일종의 사기 아닌가?

최근의 기능성식품 및 비타민의 효능에 대한 상반된 보고들을 접하면서 역시 각종 기능성물질들도 식품 형태로 자연스럽게 섭취해야 한다는 결론에 도달한다. 고도로 농축하여 알약으로 먹거나 합성된 비타민 제품, 고도로 농축된 양파, 마늘 엑기스 등은 건강에 도움이 된다는 확증이 없다. 오히려 비닐팩에 오래 저장되어 환경호르몬이 지속적으로 녹아 나오고 장기적으로 건강에 해악을 끼칠 수도 있겠다는 부정적 전망을 한다. 천연식품도 굳이 어떤 성분이 어떤 식재료에 많이 들어 있다고 외우고 이를 집중적으로 많이 섭취하려고 할 필요도 없다. 단지 같은 상황에서 기왕이면 좀 더 건강에 나은 식재료를 사용 한다는 정도로 기준을 삼으면 된다. 예로 옥수수기름보다는 콩기름이 오메가6/오메가3 지방의 비율이 낮아 더 나은 것으로 판단되지만 기름을 사용해야 할 상황에서 옥수수기름 대신 콩기름을 사용하는 정도로 생각하는 것이 더 낫다. 비타민 C도 매우 피곤한 날 어쩌다 한 알 먹는다면 무슨 문제가 되겠는가? 고도농축 과즙이나 마늘 등도 한포를 혼자 다 마시기보다는 한포로 여러 명이 나누어 먹는 것이 오히려 건강에 좋을 것이다.

가장 좋은 방법은 건강기능식품에 의존하지 말고 다양한 음식을 골고루 적당량 먹는 것이다. 이 방법이야 말로 우리의 건강을 지킬 수 있는 최선의 비법이다. 물론 몸이 아파 건강기능식품의 사용이 요구될 경우도 있을 것이다. 그런 경우도 어디까지나 의료와 약이 우선이고 건강기능식품은 보조로 사용하되 전문가와 잘 상의해 본 후 섭취할 것을 권한다. 식이섬유, 홍삼, 프로바이오틱스 유산균 등과 같이 잘 밝혀진 것들을 제외한 대부분의 것들은 논란의 여지가 있다.

CHAPTER 15

식중독균과 식중독 바이러스

식중독을 일으키는 균

⋮

식중독을 유발하는 바이러스

⋮

HACCP이란 용어

좋은 기분으로 음식을 먹고 나서 배가 아파 그 식당에는 다시 가기가 싫어지는 경우를 경험하기도 한다. 병원체 마다 잠복기가 다르고 같은 병원체라해도 체내 들어간 병원체의 양과 개인별로 잠복기간이 달라 애매한 경우도 많다. 우리나라에서 세균성 식중독균으로는 병원성대장균, 살모넬라, 장염비브리오, 캄피로박터 제주니, 황색포도상구균, 크로스트리디움 퍼프린젠스, 바실러스 세레우스 등이 문제가 되고 식중독 바이러스로는 노로바이러스가 특히 문제가 된다.

식중독을 일으키는 균

일반적으로 대장균은 병을 일으키지 않으나 일부 특수 균종이 질병을 일으키기도 하는데 이를 병원성대장균이라고 부른다. 잠복기는 1-2일 정도인데 1982년 이 균주가 처음 발견되었고 1993년 미국 여러 지역에서 다발적으로 475명이 심한 식중독 증세를 보인 바 있다. 조사결과 열처리가 충분하지 못했던 햄버거가 원인물질이었으며 O157이 원인균임이 밝혀졌다. 출혈성대장염, 용혈성 요독증후군 등의 증세를 보이는데 주로 육제품이 문제가 되므로 고기를 충분히 익혀서 먹는 것이 중요하다.

표 6　원인물질별 식중독 발생현황

구분		2008년		2009년		2010년		2011년		2012년	
		건수	환자수	건수	환자수	건수	환자수	건수	환자수	건수	환자수
총 계		354	7,487	228	5,999	271	7,218	249	7,105	266	6,058
세균	병원성대장균	36	1,278	37	1,671	28	1,926	32	2,109	31	1,844
	살모넬라	22	387	17	477	27	677	24	1,065	9	147
	장염비브리오	24	329	12	106	18	223	9	133	11	195
	캠피로박터 제주니	6	73	7	405	15	380	13	329	8	639
	황색포도상구균	15	556	12	864	19	372	10	323	5	35
	클로스트리디움 퍼프린젠스	6	434	5	527	5	171	7	324	13	297
	바실러스 세레우스	14	376	-	-	14	401	6	98	6	111
	세균성이질	-	-	-	-	-	-	2	20	0	0
바이러스	노로바이러스	69	2,105	32	568	31	1,994	31	1,524	50	1,665
	기타바이러스	1	26	-	-	2	8	3	21	1	22
자연독		2	50	6	126	6	33	4	27	3	13
화학물질		2	34	-	-	1	3	-	-	0	0
불검출		157	1,839	100	1,255	105	1,030	108	1,132	129	1,090

(출처 : 식약처 홈페이지)

살모넬라는 토양, 공기, 물, 동식물, 사람, 식품, 사료, 가공설비 등에 널리 분포되어 있다. 즉 사람과 동물의 생활환경에 널리 분포되어 있다. 고기, 달걀, 우유, 유제품 등에 오염되어 있는 경우가 많다. 생계란 같은 경우 계란 안쪽으로 오염되어 있을 수도 있어 **생계란을 직접 먹는 것은 위험할 수 있다.**

살모넬라를 죽이기 위해서는 높은 온도로 가열하는 것이 안전하다. 미국은 1999년 12월 11일 클린턴 대통령이 식품안전대책 발표하고 살모넬라의 완전추방을 선언한 바 있으나 목표달성은 요원하다.

비브리오에 의한 식중독은 콜레라(*Vibrio cholerae*), 비브리오증(수산식품, 어패류, 날생선), 비브리오패혈증(우리나라 6-9월, 특히 간기능 약한 사람에 발생)이 있다. 장염비브리오를 막기 위해서는 어패류를 가열해서 먹는 것이 필수적이다. 같이 먹어도 걸리는 사람만 걸릴 수도 있다.

캄피로박터 제주니에 의한 장염은 가금류, 가축 등과 관련이 있다. 동물의 분변, 오염된 물, 살균하지 않은 우유 등을 통해 전염되고 설사, 복통, 고열 등의 증세를 보인다.

황색포도상구균은 사람의 호흡기와 피부에서 많이 발견되는 균으로 호흡기질병, 피부질환 등을 일으키지만 식중독의 원인균이기도 하다. 최근 항생제 내성균이 출현하여 임상의학적으로 문제가 되고 있다.

크로스트리디움 퍼프린젠스는 미국과 영국 등에서는 식중독균 중 세 번째로 흔한 원인이다. 주로 육고기와 가금류와 관련이 있다. 채소 썩은 것, 바다 침전물, 사람의 장, 곤충, 토양 등에 많이 오염되어 있다.

바실러스 세레우스는 오염된 식품을 100℃까지 끓이지 않으면 포자가 살아남아 문제가 될 수 있다. 또 냉장온도가 제대로 지켜지지 않을 경우 포자가 발아하여 문제가 된다.

식중독을 유발하는 바이러스

우리나라의 경우 2006년 수도권 학교급식 사고로 인해 1주일 만에 3,338명이 집단으로 감염되어 사회적으로 큰 문제가 된 역대 최대 규모의 식중독 사례가 있었다. 증세를 보인 대부분의 학생들의 가검물로부터 노로바이러스norovirus가 검출되었고 당시 원인식품은 노로바이러스에 오염된 지하수로 절인 배추를 OEM으로 공급받아 담근 김치, 중국산 깻잎장아찌 등으로 추정되었으나 식품으로부터 노로바이러스를 직접 검출하지는 못했다. 이 사건은 노로바이러스라는 생소한 이름을 국민들에게 인식시키는 계기가 되었다.

노로바이러스는 오염된 식품이나 물이 원인이 되며, 감염된 환자와의 접촉 등의 경로를 통해 전파되고 모든 연령층에 감염이 가능하므로 학교, 요양소, 병원, 기숙사, 감옥, 유람선 등에서 집단으로 급격히 전파되는 특징이 있다.

노로바이러스는 일단 식품의 표면에 붙게 되면 물로 세척하여도 잘 씻겨 나가지 않으므로 굴 등의 해산물과 최소한의 조리 과정을 거치거나 조리과정이 없이 단순한 세척 후에 바로 먹을 수 있는 야채, 과일 등이 주요 원인 식품이다.

미국의 경우 매년 약 2,300만명이 감염되고 전체 식중독에서 차지하는 비율은 최소한 32-42%를 차지하는 것으로 추정된다. 유럽의 경우도 이와 비슷하다.

노로바이러스는 연중 높은 비율로 보고가 되고 있으나 특히 기온이 낮은 겨울에 더 높은 빈도로 발생하고 비가 많이 오는 여름을 지나 9월에도 많이 발생한다. 일반적으로 1-3일간 설사, 메스꺼움, 구토, 복통 등을 동반하는 급성장염으로 그치는 경우가 많으나, 체력적으로 약한 노인이나 어린이의 경우 치명적일 수도 있다. 예로 2005년 일본에서 약 1,600명이 집단 발병하여 이중 9명이 사망한 적이 있다.

식품을 통한 오염경로는 생산지에서 직접 오염되는 경로와 노로바이러스에 감염된 식품취급자에 의해 조리 또는 서빙serving 중에 오염되는 경로로 크게 나눌 수 있다.

겨울철에는 생굴을 많이 소비하므로 굴이 특히 문제가 될 수 있으나 보다 문제가 되는 것은 씻은 후 바로 더 이상의 가열과정 없이 그대로 섭취하는 (식품공전 상의 신선편의식품 품목군에 해당) 야채와 과일 등이다. 우리나라에서는 최근 배추김치, 무김치로 인해 학교급식에서 꾸준히 집단으로 발병하고 있다. 외국의 경우는 샌드위치에 들어간 상추, 냉동 라즈베리, 딸기 등에서 집단 발병하기도 하였다.

노로바이러스는 감염력이 매우 높아 특히 뷔페, 집단급식소 등 많은 사람에게 서빙되는 샐러드의 경우 약간만 오염되어도 많은 사람에게 전파될 수 있어 크게 문제가 될 수 있다. 특히 식품조리에 종사하는 사람이 노로바이러스에 감염되어 바이러스를 퍼뜨릴 경우 전파력이 매우 높다.

문제는 현재로서는 노로바이러스 백신이 없다는 점이다. 한 번 걸린 사람도 재감염이 되는 것으로 보아 백신 개발은 앞으로도 쉽지 않을 전망이다. 혈액형에 따라 감염정도는 차이를 보이는 데 B형과 AB형은 부분 보호가 되는 반면 O형은 매우 민감하다.

예방법은 외출 후 꼭 비누로 손을 씻고 가능한 한 수산물은 익혀 먹으며 농산물의 경우도 흐르는 물에 여러 번 씻어 먹는 것이 좋다. 바이러스이므로 숙주에서만 증식하고 여름보다는 겨울철이 더 문제가 된다. 얼린다고 해서 바이러스가 죽지 않으므로 이는 해결방법이 아니다. 일반적인 식중독균은 냉장할 경우 증식이 더뎌지므로 도움이 될 수 있으나 노로바이러스는 더 나아지기는 커녕 오히려 바이러스가 변성되지 않고 더 오래 버틴다. 따라서 냉장 보관으로 안심할 수 있는 것은 아니며 끓여 먹는 것이 가장 좋은 방법이고 특히 굴은 생굴보다는 익혀서 먹는 굴국밥 등이 바람직하다.

HACCP이란 용어

Hazard Analysis and Critical Control Points의 첫 자를 따서 HACCP이라고 적고 해썹으로 발음한다.

과거에는 식품위해요소 중점관리기준으로 번역하였으나 최근「안전관리인정기준」으로 명칭변경하였다. 제품의 안전한 생산을 보장하기 위한 예방체계로 식품생산 전 단계(즉 농작물재배, 식품처리 및 취급, 식품가공, 급식, 분배, 유통체계, 소비자의 취급과 사용에 이르는 전 단계)에 적용가능하다. 식중독예방에 중점을 두고 생산 공정을 각 단계별로 잘게 나누어 식품안전에 위험을 초래할 수 있는 문제가 될 만한 단계를 주로 미생물적 측면에서 관리하는 표준화된 체계라고 볼 수 있다. 즉 인적요인을 규명하여 예방조치를 취하는 일종의 식품 품질 보증제도라고 볼 수 있다.

1960년 NASA에서 우주식량 개발 시 도입되었고 1980년대에 들어와 미국 내 일반화되었다. 국제적으로는 1993년 FAO/WHO에 의해 HACCP이 CODEX의 guideline으로 채택된 바 있다. EU에서는 1995년부터는 EU로 수출되는 모든 수산식품에 적용이 법제화되었다. 미국도 1995년 수산식품에 적용한 것을 시작으로 1998년 1월 종업원 500 이상에서 1999년 1월 10명 이상으로 이후 2000년 1월 25일부로 전국 모든 육류, 가금육 생상업체는 HACCP 하에서 제품 생산해야 한다. 우리나라의 경우도 학교급식 등에서 집단식중독 발생에 따라 1996년 HACCP 확정 고시(1996년 12월 5일 식품위생법 32조 제 1항), 1996년 식육제품에, 1997년 어육연제품에, 1998년 유제품에, 1999년 냉동식품에 적용하다가 2000년부터는 모든 식품에 적용하고 있다. HACCP를 적용한 식품은 안심하고 먹어도 좋다.

CHAPTER 16

식품의 변질·부패 및 올바른 저장

식품을 안전하게 저장하려면

⋮

실생활과 관련된 식품의 저장

식품은 시간이 지나면서 서서히 변화를 겪는데 숙성되면서 품질이 좋아지는 경우도 있으나 대체로 품질이 나빠진다. 이를 변질 또는 변패라고 한다.

식품을 안전하게 저장하려면

식품을 상하지 않게 하고 오래 보관하려면 식품이 왜 상하는지부터 알아야 한다. 식품이 상하는 원인은 미생물, 효소, 화학작용, 온도, 수분, 광선 등이 원인이다.

식품변패에 관련된 미생물로는 세균, 효모, 곰팡이가 있다. 단백질은 분해되어 아미노산으로 바뀌고 이는 더 분해되어 암모니아, 인돌, 아황산가스 등 불쾌한 냄새가 나는 물질로 분해된다. 곰팡이와 효모는 주로 탄수화물의 분해에 관여한다.

식품은 효소 특히 산화효소oxidase, 과산화효소peroxidase의 작용에 의해 각종 산화물이 만들어져서 변패되기도 한다.

또 공기 중의 산소와 결합하여 과산화물이 만들어지기도 하고 효소에 의해 갈색으로 변하기도 한다(갈변현상). 갈변에는 효소에 의한 갈변과 효소가 없이 진행되는 갈변이 있다.

사과, 배, 고구마 등의 산화는 구리, 철 등의 금속이온에 의해 활성화되므로 용기 사용에 유의해야 한다. 김치, 오이절임 등의 연두/초록색 식품이 갈색으로 바뀌는 것은 발효되면서 생긴 초산, 젖산이 엽록소에 작용하여 엽록소의 마그네슘이온이 수소로 바뀌면서 엽록소가 페오피틴pheophytin이라는 물질로 바뀌기 때문이다. 이 물질도 구리이온이나 철 이온과 치환되면 안정된 초록색의 구리 또는 철 클로로필chlorophyll이 된다. 이는 놋그릇에 담은 오이지의 색이 초록색으로 유지되는 것을 보면 알 수 있으나 **놋그릇에 그만큼 많은 구리이온이 있다는 것을 의미한다.** 필자는 **놋그릇이 건강에는 매우 나쁠 것으로 예상한다.** 혼수로 유기그릇 해 가지 말자. 전통만 무조건 따를 일도 아니다. 아전인수격으로 우리 전통의 놋그릇이 무조건 좋다고 생각할 일도 아니다.

분유, 간장, 된장, 오렌지주스 등의 변색과 설탕을 가열할 때 생기는 적갈색 캐러멜 생성반응 등은 효소가 관여하지 않는 데도 식품이 변하는 예다.

높은 온도와 높은 수분, 광선 등에 의해서도 식품이 변한다. 그러니 겨울보다 여름에 음식이 더 잘 변한다. 높은 온도와 수분상태에서 미생물이 더 잘 자라는 것은 당연하다.

지금까지 설명한 식품을 변하게 하는 4가지 원인을 차단하면 식품을 오래 저장할 수 있게 된다.

첫째, 미생물의 생육을 막아 번식을 하지 못하게 하거나 미생물을 죽이는 방법이다. 이를 위해 **수분이 가능한 없게(건조), 온도를 낮게(냉장 또는 냉동보관), pH를 낮게(산에 저장), 가열**

또는 방사선을 쬐어 미생물을 죽이는 방법 등이 있다.

둘째, 식품을 가열하여 식품중의 효소를 불활성화시킴으로써 효소에 의한 산화반응이 일어나지 못하게 하는 방법이다.

셋째, 공기에는 산소가 있으므로 공기와 접촉하는 것을 피하는 방법이다. 이를 위해 햇반처럼 진공으로 포장하거나 분유처럼 질소가스를 충진하는 방법이다.

넷째, 광선을 차단하기 위해 은박으로 싸거나 알루미늎에 써서 보관하는 방법이다.

다섯째, 환경호르몬이 의심되는 용기에 음식이 담겨서 배달이 왔거나 캔을 개봉한 경우 등은 즉시 유리그릇이나 사기그릇에 옮겨 담는다.

실생활과 관련된 식품의 저장

우리 실제생활과 관련하여 식품의 저장에 관해 살펴보자.

냉장과 냉동

우리가 가장 흔히 식품을 저장하는 방법은 냉장고나 냉동실에 음식을 보관하는 것이다. 냉동법의 원리는 온도가 내려 갈수록 화학반응이 더디다는 것이다. 따라서 미생물과 효소의 작용 억제할 수 있게 된다. 일반적으로 -10℃ 이하이면 미생물은 생육을 하지 못하고 효소도 작용할 수 없다. 그러나 냉동상태에서 자유수는 얼어붙으므로 각종 염류의 농도는 올라가고 세포 내 수분이 세포 바깥으로 나와 얼음결정에 붙고 pH도 달라진다. 이를 피하려면 급속냉동을 해야 한다. 그러나 가정용 냉동고의 온도인 영하 20℃ 정도에서는 급속냉동은 할 수 없다. 따라서 어느 정도의 식품의 질이 손상되는 것을 피할 수 없다.

냉동상태에서도 지방분해효소는 작용하여 지방의 변질이 온다. 그리고 식물성식품의 세포막에 기계적 손상이 오므로 청과물의 모양이 나빠지고 산화효소에 의해 채소, 과일의 갈변화와 비타민 C의 감소도 온다. 따라서 불포화지방이 많은 생선 등은 적어도 -20℃에서 보관해야 하며 **장기간인 경우는 얼려 놓았다고 너무 안심해서는 안 된다.**

한 가지 덧붙일 사항은 사람이 냉동상태에서 죽는다고 **미생물도 얼리면 죽지 않을까 생각하는 분이 있는 데 결코 그렇지 않다.** 큰 얼음 결정이 생기는 것을 방지하는 물질(예로 글리세롤이나 Dimethyl sulfoxide)과 함께라곤 하지만 일반적으로 실험실에서의 미생물의 장기보관은 이보다 더 낮은 온도 -80℃ 또는 -200℃에서 행한다.

냉동과 관련하여 냉동한 식품을 해동하면 분리된 수분인 자유수가 식품 내로 다시 흡수되지 않고 식품 외로 흘러나가게 된다. 수분이 많은 식품일수록 이런 현상이 더 심한데 이렇게 유출된 액체를 드립drip이라 하는데 드립이 발생하면 물에 녹는 성분들이 함께 빠져나가게 되므로 일반적으로 식품의 맛과 질이 저하된다. 냉동제품이 맛이 없는 이유이다. 또 일단 얼렸다 녹일 경우 더 쉽게 상하는 이유이기도 하다. 따라서 가능한 신선한 제품을 먹도록 하자.

그러면 냉장상태에서는 어떻게 될까? 냉장상태에서는 효소 등이 반응이 매우 느리게 일어나므로 상온에 비해 비교적 장기간 식품을 저장할 수 있다. 그러나 균에 따라서는 저온을 좋아하거나 저온에서도 잘 자라는 균이 있다. **리스테리아Listeria 등의 세균이 그런 예로 냉장고가 잘 보급된 선진국에서 더 문제가 되는 세균이다. 곰팡이 또한 냉장 중에도 비교적 잘 자란다.** 냉장상태에서는 효소도 실온만큼은 아니지만 약하게 작용을 계속한다. 때문에 냉장식품들도 유통기간이 있고 경험적으로도 너무 시간이 많이 흐르면 식품이 상한 것을 육안 또는 냄새를 맡고 알 수 있다. 냉장고에 넣어 두었다고 안심하지 말자.

염장

말다툼하다 가끔 하는 말로 "염장 지를 일 있냐"는 말이 있다. 염장은 말 그대로 소금에 저장한다는 의미이다. 소금의 삼투압을 이용하는 데 소금 농도가 10% 이상이면 일반세균은 잘 자라지 못한다. 대표적인 것으로 소금뿌린 생선, 소금물에 저장한 올리브 등이 있다.

그러나 염장의 목적은 어디까지나 생육억제이지 사멸이 아니다. 이 농도에서 티푸스균은 6개월 동안 생존이 가능하고 결핵균도 3개월을 버틸 수 있다고 한다. 효모 중에서도 간장과 된장에 번식하는 자이고 사카로마이세스Zygosaccharomyces라는 효모는 15% 이상의 소금에서도 번식이 가능하다. 김치와 피클에 번식하는 산막효모 중에는 소금농도 20% 이상에서도 생육하는 것이 있다.

염장법에는 식품에 그냥 소금을 뿌리는 방법과 소금물을 만들어 담그는 방법이 있으나 그냥 뿌릴 경우 골고루 뿌려주기 어려운 단점이 있고 염수에 담그는 경우 여러 가지 영양소가 손실되고 단백질 변성, 지방산화 등도 더 쉽게 일어난다고 한다. 이 경우도 가능한 빨리 냉동실, 냉장실로 옮기거나 가능한 빨리 요리해 먹어야 한다.

당장

소금과 마찬가지로 고농도의 당을 이용하여 삼투압 증가시켜 미생물의 생육을 억제하는 방법이 당장이다. 보통 당의 농도 50% 이상이면 거의 대부분의 미생물생육이 억제되나 효모, 곰팡이 중에는 당도 67%에도 견디는 것이 있다. 예로 잼, 젤리는 당도가 60-70% 정도되나 장기간 저장 시 곰팡이가 생육하는 경우를 가끔 볼 수 있다. 사실이 이러함에도 불구하고 많은 사람들이 매실 등의 과일을 당도 50% 근처에 장기간 저장해 두고는 발효액을 만들었다고 착각하곤 한다. 사실은 당장을 한 것이다.

매실과 설탕을 반반씩 섞어 저장해 두면 삼투압에 의해 매실 내의 수분이 빠져나오면서 매실 성분 들이 함께 녹아나온다. 처음에는 매실액과 바깥의 설탕이 따로 존재하지만 시간이 경과하면서 골고루 섞여 점점 일체화된 맛을 보이게 된다. 저장 기간이 길어지면 갈변현상까지 겹치면서 사람들은 발효가 일어났다고 착각한다. 설탕의 일부는 매실의 효소에 의해 일부 잘라져 포도당과 과당으로 바뀐다. 이를 발효액이라 생각하고 매일 한잔씩 마시면 당을 얼마나 먹게 될지 각자 판단하시길. 사실 설탕 농도 25%가 넘어서는 발효되기가 어렵다. 설탕농도 25% 이하에서는 술 발효가 일어나 매실주를 얻는 것은 가능할 것이다.

방부제

가정에서 방부제를 사용하지는 않을 것이다. 그러나 우리가 자주 접하는 가공식품에는 많은 방부제가 들어있다. 식품 방부를 목적으로 식품의 보존, 보호, 식품가치 저하를 방지하는 약품을 **보존료**라고 하고 식품중의 미생물 살균과 식품보존의 목적으로 첨가해 주는 물질을 **살균료**라고 한다. 통상 이 둘을 **방부제**라고 한다. 방부제는 미생물만 억제하는 것이 아니라 우리 몸의 기능도 억제한다. 방부제 들어간 음식의 섭취는 어쩔 수 없는 경우 이외에는 최소화하도록 하자.

가스저장

사과철이 아닌데도 푸석푸석하지 않은 싱싱한 사과가 슈퍼마켓에 절비하다. 옛날에는 임금님도 누릴 수 없는 호사이다. 과학이 발전하다보니 그런가하고 당연히 받아들일 것이다. 다른 나라에서 수입했거나 다른 환경에서 재배했을지도 모른다고 생각할지도 모른다. 하지만 사과는 비닐하우스에서 재배를 하는 것도 아니다. 방부제를 사용한다고 될 일도 아니다. 어떻게 가능할까? 정답은 가스저장이라는 기술 덕분이다. 가정에서 직접 할 수 있는 방법은 아니나 몸에 나쁜 것도 아니다. 그래서 간단한 원리만 소개한다.

공기는 질소 75.5%, 산소 23%, 탄산 0.04%와 미량가스로 구성되어 있다. 식량생산을 위해서는 이 조성이 적합하며 지구상 대부분의 생물체들은 진화적으로 이 조건에 잘 적응되어 있다. 그러나 식품을 저장하기에 이 공기조성은 부적합하다. 이유는 호흡량이 크고 방출에너지가 크면 영양분을 많이 소모하므로 청과물은 생명이 짧고 품질변화가 크기 때문이다. 가축이 죽거나 과일나무에서 과일을 딸 경우 개체의 생명은 끊어졌으나 아직 그 식품을 구성하는 세포는 살아있다. 현재의 공기 조성에서 각 세포는 활발한 대사활동을 할 것이다. 그 경우 우리는 식품이 빨리 변질되는 것을 경험할 수 있다. 그러나 세포들마저 모두 죽는다면 조절기능을 잃으므로 식품에 들어 있는 각 효소들은 식품을 모조리 분해해 버릴 것이다. 따라서 식품의 질을 가능한 오래 유지하는 방법은 **세포의 목숨은 유지하되 세포작용을 최소화하게(호흡을 최소로)** 하는 것이다. 이를 위해 산소농도는 낮게 유지하되(2-10%) 탄산의 농도는 높이고(2-5%) 온도는 0-14℃를 유지시킨다. 이 같은 가스저장은 1920년대 영국에서부터 시작하였다. 사과, 배 , 바나나, 감, 토마토, 송이, 당근 등이 대상이다. 이 경우 6개월 이상 싱싱하게 저장할 수 있다. 그러나 가스저장 된 제품을 구입하여 집으로 가져온 경우 가능한 빨리 소비해야 한다. 이 과일, 채소는 오랜 기간 근근이 숨만 붙은 채로 생명을 유지해 오던 것들이므로 **제품의 질이 급변할 가능성이 있다.**

방사선조사

요즘 와서 많은 논란 중에 있는 것이 방사선조사를 이용한 저장이다. 방사선을 사용할 경우 식품자체의 온도를 유지한 채 살균가능하다. 방사선은 식품에 투과 시 잔류하지 않고 열로 바뀌거나 식품을 통해 빠져나간다. 주로 감마선과 베타선을 사용하는데 조사로 인한 식품성분의 변화, 조사식품의 안전성, 조사 설비 등이 문제점으로 대두된다.

방사선처리를 받은 식품을 조사식품irradiated food이라 하는데 적용대상은 감자, 양파, 당근, 청과류, 육류 등이다.

부작용으로는 a) 색깔의 변화(퇴색) b) 향기변화 c) 맛의 변화 d) 영양소 특히 비타민 파괴 e) 조직의 연화 또는 파괴 특히 쇠고기, 우유, 생선, 과실, 채소에 변화 등이다. 그러나 돼지고기, 돼지훈제, 닭내장, 아스파라가스, 고구마, 건포도 등은 거의 품질변화가 없다고 한다.

연구결과들은 안전에 문제가 없다고 하지만 더 큰 문제는 소비자들의 불

안과 반감이다. 방사선이라는 용어자체에서 우리는 원폭을 상기시키고 방사능을 연상하기 때문이다. 미국, 영국, 우리나라의 경우 일부 품목에 대해 사용허가가 나 있으나 최근 소비자 표시기준 규제와 부정적 시각에 맞물려 급격히 퇴보하고 있다. 완제품에만 표기를 하던 것이 이제는 일부 원료에 대해서도 방사선조사 제품이 포함됐다는 내용을 표기해야 하니 이 표시를 보는 소비자가 사먹기 꺼리는 것은 당연하다. 그러다보니 점점 수요가 줄어들고 있는 상황이다. 또 '방사선 조사식품'이라는 용어 자체에 대한 부정적인 시각 때문에 방사선처리를 하고도 표시하지 않는 사례가 많다.

따라서 공식용어도 2012년 8월부터 방사선조사에서 식품조사로 바뀌었다. 소비자들의 외면으로 퇴출될지도 모르겠다. 반드시 식품표지를 읽는 습관을 갖자.

CHAPTER 17

식품포장과 환경호르몬

식품용기와 환경호르몬

⋮

주석 캔, 알루미늄 캔, 알루미늄 호일

식품용기와 환경호르몬

생산된 가공식품은 소비자에게 판매하기 위해 포장을 해야 한다. 포장을 하면 방수, 방습, 차광 등으로 인해 식품 맛의 변화를 막고 부패를 방지해 주고, 휴대하기 편하게 해주며 위생적이기 때문이다.

이런 용도에 딱 맞으면서 가격도 싼 플라스틱, 셀로판, 알루미늄 호일 등을 소재로 한 식품포장재가 많이 개발되었다. 특히 셀로판에 알루미늄 호일을 가미한 포장재는 가히 혁명적이라 할 수 있다. 최근 환경까지 고려하여 먹어도 문제가 없는 포장지도 개발되었다. 젤라틴이나 아밀로스 필름을 이용한 포장지가 그것이다. 이중 아밀로스 필름은 그 자체가 식품이므로 안전하고 무색투명하며 맛과 냄새가 없고, 물에 녹지 않으며 셀로판과 유사한 모양과 신축성을 보이고 산소도 투과되지 않으며 인쇄가 가능하고 열을 가하면 밀폐가 된다. 따라서 치즈, 버터의 내유피막, 캐러멜, 젤리, 캔디의 점착방지 코팅, 냉동식품포장 등에 이용되고 있다.

환경호르몬은 진짜 호르몬은 아니나 호르몬의 합성, 분비, 수송, 작용, 분해 등 모든 과정을 방해하는 성질을 가진 외부 유래물질로 일종의 내분비교란물질이다. 환경호르몬에 의한 피해 사례를 보면 남자들의 정자 수 감소나 여성들의 생리중단 사례 등이 있다.

현재까지 주로 많이 언급되는 것들을 보면 다이옥신(쓰레기 소각장,

자동차 배기가스, 담배연기 등에 많이 들어있음), DDT(살충제), 비스페놀 A(식품의약품안전청에서 국내 130종 캔식품 분석 결과 탄산음료, 식혜, 커피, 과실쥬스류, 참치, 고등어 및 육류에서 검출된 적이 있음), 폴리카보네이트(우유병, 플라스틱 식기 등), 프탈레이트(각종 플라스틱 제품, 종이, 카페트, 잉크, 헤어스프레이, 화장품, 향수, 손톱광택제, 고무장갑, 커턴, 장난감, 음식포장필름 등에 사용), 스티렌다이머(컵라면 용기로 사용되었으나 최근엔 종이 용기로 많이 바뀜) 등이 있으나 아직 밝혀지지 않아 우리가 모르는 것이 더 많을지도 모른다. 지난 반세기 약 10만종의 화합물이 합성되어 그중 많은 것이 유통되고 있는데 그중에서도 식품용기로 사용되는 것과 랩이 특히 문제가 된다.

환경호르몬은 어떻게 작용하는가? 우리 몸을 구성하는 각종 세포들은 그 세포 고유의 기능수행을 위해 필요한 단백질들을 만들어 세포표면에 가지고 있는데 이들 중 일부는 신호를 주고받기 위한 수용체 단백질이다. 생명유지를 위한 세포들 간의 신호전달은 매우 중요하다. 호르몬 등도 세포신호전달물질의 일종이다. 신호전달이 제대로 되지 않으면 몸에 심각한 이상이 오는 것은 당연한 일이다.

우리 몸의 진짜 신호물질(예로 호르몬)은 수용체에 붙으면 신호를 전달하고 즉시 떨어져 나와 신호의 계속 여부를 확인하고 다시 붙는 과정을 반복한다. 그러다 신호가 더 이상 전달되지 않으면 그 신호전달이 끝나게 된다. 이 신호물질들은 모양이 특이specific하여 다른 신호물질들과는 엄격히 구분되므로 보통은 신호전달에 혼선이 올 염려가 없다. 그러나 환경호르몬의 전체 모양은 진짜 신호물질과 완전히 다르나 수용체와 결합하는 부분은 진짜 신호물질과 유사한 모양을 하고 있어 수용체와 결합할 수 있다. 즉 가짜 신호물질인 것이다.

문제는 환경호르몬이 수용체 단백질에 일단 붙으면 일반적으로 잘 떨어지지 않아 계속된 신호와 같은 효과를 준다는 점이다. 진짜 신호는 수용체 단백질에 붙더라도 신호를 한 번 전달하고 나면 일단 떨어져 나와 다음 신호를 기다린다. 이때 계속된 신호가 필요하면 다시 붙어 한 번 더 신호를 전달하고 더 이상 신호가 필요하지 않으면 더 이상 붙지 않는다. 반면 환경호르몬은 일단 붙으면 붙박이가 되어 떨어지지 않는다. 즉 신호가 중단되지 않고 계속되므로 세포는 이를 조절하지 못하고 생식과 면역체계 등에 교란현상이 오게 되는 것이다.

환경호르몬은 일반적으로 생태계에서 쉽게 분해 안 되는 매우 안정된 물질로 생체지방조직에 농축되어 다른 생물로 전달되고 개체가 죽더라도 환경에 잔류해서 지속적인 위협을 가한다.

그러면 실생활에서 한 번 살펴보자. 환경호르몬이 전혀 나오지 않는다고 선전하는 젖병을 사용한다면 정말로 안전한 것일까?

업체는 분명히 현재까지 알려져 문제가 된 환경호르몬들 중 일부 또는 전부를 검사했을 것이고 그 값은 기준치 이하이거나 발견되지 않았을 것이다. 그렇다면 우리는 안심하고 어린애에게 우유병을 빨게 해도 되는 것일까?

또 방금 배달 온 돼지족발이 랩에 둘러싸여 있고 용기는 스티로폼이라면 문제가 없는 것일까?

김치가 남아 랩으로 덮어 두었는데 랩에 김치가 접촉된 상태라도 문제가 없는 것일까?

중국집에서 배달 온 자장면과 짬뽕, 만두 등이 또는 배달된 밀면이 용기는 스티로폼이고 랩으로 덮여 있고 더구나 내용물이 랩과 닿은 것 같다면 문제는 없는 것일까?

각종 플라스틱 제품은 산, 지방 등의 성분 또는 뜨거운 물, 각종 음식의 국물 등과 닿아 어떤 물질이 녹아 나올지 조사해 보지 않으면 누가 안전하다고 자신있게 말할 수 있겠는가? 일부 환경호르몬으로 알려진 것들은 이미 문제가 되었으므로 확인해 본 것일 뿐이다. **현재 우리가 안전하다고 여겨 아무 거리낌 없이 친숙하게 사용하고 있는 것들이라 하더라도 앞으로 어떤 새로운 환경호르몬이 등장할 지 아무도 모른다.**

가장 좋은 방법은 **플라스틱제품과 식품이 직접 닿지 않게** 하는 것이다. 만약 어쩔 수 없이 플라스틱 또는 스티로폼 용기에 음식을 담아야 한다면 폴리에틸렌polyethylene(PE) 소재나 PVC 소재보다는 가능한 딱딱한 폴리프로필렌polypropylene(PP) 소재를 사용하는 것이 안전하다. 물론 PP 소재가 PE 소재보다 가격이 비싸 업계 또는 일반 가게에서 배달용기로 사용하기가 쉽지 않을 것이다. **가정에서는 뜨겁거나 신맛을 보이는 식품은 가능한 플라스틱 소재를 피하고 유리그릇 또는 사기그릇을 이용해야 한다.**

그러면 왜 나라마다 환경호르몬을 다르게 규제할까? 그 이유는 대부분의 경우 잠재적 위험성을 가지고 있는 것을 알고는 있으나 명확히 환경호르몬으로 밝혀진 것은 극히 일부이기 때문이다. 우리로서는 가능한 방어적 입장을 취하는 수밖에 없다. 일단 구입한 것도 오래 보관하기 보다는 가능한 빨리 소비하자. 일단 개봉 후 음식이 남았다면 플라스틱 용기보다는 유리나 사기그릇을 사용하자. 그 방법밖에 없다.

주석 캔, 알루미늄 캔, 알루미늄 호일

캔이 없다면 지구상에 통조림이 없을 뿐 아니라 자판기가 지금처럼 발전하기 어려웠을 것이다. 가장 흔히 보는 것이 철재 캔이다. 보통 철재 캔의 경우 철이 녹스는 것을 막기 위해 철 표면에 주석을 입힌다. 내용물이 포도, 파인애플 등이라면 과일의 산이 캔의 주석을 용출할 수 있으므로 이를 막기 위해 캔에 에폭시수지 등을 추가로 입힌다. 그러나 **일단 개봉하면 공기 중의 산소로 인해 주석용출이 쉬우므로 즉시 비금속용기에 옮겨 냉장보관해야 한다.**

알루미늄 캔의 경우는 강산성식품을 제외하면 대체로 안전하다고 판단된다. 그러나 식품의 내용물에 따라 다르겠지만 고온에 장시간 방치할 경우 알루미늄이 녹아 나올 수 있다. 따라서 여러분이 편의점에서 온장고에 보관한 커피 등을 구입할 때 보관온도가 50-60℃ 이상이면 2주 이상 보관하지 않은 것을 구입하는 것이 원칙이다. 실제로 얼마나 지켜지는지는 모르겠지만. 편의점에 따라서는 온장고에 들어간 날짜 라벨을 붙인 곳도 보았다. 칭찬받아 마땅할 편의점이다.

알루미늄 호일은 거의 순수 알루미늄이다. 양쪽 면 다 어느 쪽을 사용하여도 문제가 없다. 곡물, 차 등에 알루미늄이 많이 함유되어 있으나 우려할 수준은 아니며 일반인의 경우 하루에 체중 1킬로그램당 1밀리그램 정도는 문제가 안 된다고 한다. 문제는 호일에 고기를 구워먹거나 특히 신 김치를 구워먹는 것이다. 이는 우리나라만의 독특한 현상으로 피하는 것이 좋겠다. 고기 구울 때 녹은 알루미늄이 어디로 갔겠는가? 확정된 사실은 아니나 알루미늄과 알츠하이머치매와 연관이 있다는 가능성도 제기되고 있는 만큼 **알루미늄 호일에 고기를 구워 먹는 것은 가능한 피하는 것이 좋겠다.** 또 고깃집에서 알루미늄 호일을 사용한다면 과감히 시정을 요구하자. 소비자의 건강과 무관하게 업주 입장에서는 쉽게 불판을 세척할 수 있어 아주 편리할 것이다.

CHAPTER 18

식품 알러지

많은 사람이 자신이 식품에 알러지allergy가 있다고 생각하나 실제로 알러지인 경우는 어린이의 경우 3%, 어른은 1%에 불과하다고 한다. 알러지는 면역반응이다. 따라서 특정 음식을 먹은 후 단순히 배가 더부룩한 증세를 보이는 것은 알러지가 아니다. 우리 몸은 외부물질에 둔감한 것이 오히려 도움이 될 경우에도 지나치게 민감하게 반응하기도 하는데 이 같은 반응을 과민반응이라고 한다. 우리 몸의 과민성반응에는 4가지 형태가 있으나 이중 한 가지를 알러지라고 부른다.

외부에서 우리 몸이 적이라고 판단하는 병원체가 침범하면 수지상세포, 대식세포 등이 균을 잡아먹는 식균작용이 일어나고 우리 몸의 항체는 유해미생물, 미생물 독소, 바이러스 등을 중화시킨다. 우리 몸에는 크게 5가지 종류의 항체가 있는데 혈액에 많은 IgG, 눈물, 콧물 등 분비물에 많은 IgA, 그 외에 IgM, IgD, IgE가 그것들이다. 이중 알레르기와 관련이 있는 것은 IgE이다. IgE의 원래 기능은 기생충 제거와 관련이 있다. 실제로 기생충에 노출되면 IgE 농도가 급격히 증가하여 기생충이 완전히 제거될 때까지 높은 농도를 유지한다. 그러나 많은 기생충을 몸에 품고 살았던 먼 옛날에 비해 많은 기생충들이 몸에서 사라진 현대인에게 IgE가 기생충 퇴치보다 알러지 반응의 주범으로 작용하여 우리를 괴롭힌다는 사실은 참 아이러니하다.

알러지 반응에 대해 면역학에서 설명하는 것을 간단히 설명해 보겠다. 이 부분이 너무 어렵게 느껴지는 사람은 건너 띄어도 된다. 이해하지 못해도 큰 문제는 없다.

알러지반응은 비만세포mast cell 표면에 붙어 있는 IgE에 알러지 유발물질(알러젠allergen)이 붙음으로 시작한다. 비만세포는 피부와 점막에 많이 분포하는 세포이다. 비만세포에 알러지 유발물질이 붙으면 이는 비만세포를 흥분시켜서 비만세포 내의 과립을 세포 바깥으로 내 보내라는 신호로 작용한다. 이 비만세포가 내보내는 과립 속에는 히스타민histamine, 세로토닌Serotonine 등의 화학물질이 들어 있다. 이때 비만세포의 막을 구성하는 인지질 성분은 프로스타그란딘Prostaglandin, 류코트리엔Leukotriene 등의 물질로 바뀌어 세포 바깥으로 방출되고 이 물질들이 비만세포 주변으로 다양한 백혈구가 모이게 하므로 그 결과 조직이 분해되고 염증이 유발된다.

그러나 알러지를 가진 사람들 중 일부는 알러지에 의해 평활근수축과 혈관확장을 유발하고 구토, 설사와 같은 증세가 나타나기도 한다. 또 경우에 따라서는 알러지 유발물질이 장에서 히스타민 등의 성분을 과립형태로 분비하게 유도하기도 하는데 이로 인해 점액투과성이 증가되면서 알러지를 유발하는 물질이 혈액 내로 유입되기도 한다. 이때 알러지 유발물질이 어디에 축적되느냐에 따라 증상이 달라진다. 예로 특정음식물의 알러지 유발물질에 의해 민감해진 비만세포가 피부로 이동하면 두드러기가 생긴다.

위의 설명이 너무 어려워 이해하지 못한 사람도 다음부터는 중요하다. 알러지를 일으키는 물질은 대부분 단백질이다. 단백질은 아미노산으로 구성되어 있으므로 특정 알러지 유발물질의 아미노산의 배열이 문제가 된다. 단백질마다 아미노산 배열이 다름을 상기하자. 따라서 알러지 유발물질에 따라 각 개인의 IgE의 활성 정도가 다르므로 각 식품에 들어 있는 알러지 유발물질에 대한 반응은 개인차가 생기게 된다.

알러지를 유발하는 식품으로는 우유, 계란, 콩, 땅콩, 생선, 달팽이, 해산물(홍합, 삿갓조개, 굴, 가리비, 대합, 낙지, 오징어, 새우 등), 곡물(밀, 옥수수, 호밀, 귀리 등), 각종 과일(복숭아, 살구, 체리, 메론, 아보카도 등), 아황산염sulfite이 함유된 식품(포도주, 밀가루개량제, 표백제, 항산화제, 건조과실 등), 계피, 겨자 등 너무나 다양하다. 곡물이 왜 알러지를 유발할까? 곡물의 주성분은 전분이나 미량이지만 단백질도 있기 때문이다.

알러지를 피하는 방법은 알러지 유발식품을 먹지 않는 것이 최상이다. 이를 위해서는 우선 어떤 물질이 자신에게 알러지를 유발하는지를 경험에 의해 미리 잘 알고 있어야 한다. 또 식품 포장지 뒷면의 표지를 잘 읽어 혹시라도 자신에게 알러지를 일으키는 성분이 들어 있다면 이를 피하는 것이 중요하다. 또 다른 방법은 대체식품을 먹는 것이다. 예로 어떤 사람이 땅콩에는 알러지가 있으나 호두는 문제가 없다면 땅콩 대신 호두를 먹도록 해야 한다. 또 알러지 유발식품이라 해도 끓이면 문제가 없는 경우가 간혹 있다. 단백질이 변성되면서 모양이 달라져 알러지 유발물질에서 아닌 것으로 형태가 바뀌었기 때문이다.

알러지와 관련하여 또 다른 문제는 아토피인데 이는 IgE 항체가 다른 사람들 보다 월등히 많은 경우로 유전적 소인이 많다. 그러나 이 경우에도 영아시절 아토피 가능성이 있는 음식을 먹이지 않으면 아토피피부염을 줄일 수 있다. 또 아토피피부염 방지를 위해 효소처리 등으로 알러지를 피하는 분유가 개발되어 있다.

CHAPTER 19

식품의 표시기준에 대한 이해

1회 제공량 vs 총제공량

⋮

딸기향 캔디에는 딸기가 들어있는가

⋮

포장에 적힌 원재료명을 통해 얻을 수 있는 정보

⋮

식품첨가물의 경우

⋮

영양성분 표시

⋮

열량 및 영양소별 함량

⋮

영양소 기준치, 영양 권장량, %영양소 기준치

⋮

영양소 함량 강조표시

⋮

천연식품과 100%가 표시된 식품

⋮

카페인의 경우

⋮

게맛살에는 진짜 게살이 없다

⋮

유기가공식품

⋮

어떤 식품에 유기라는 용어를 사용할 수 있을까

최근 시민단체와 대중의 요구에 의해 식품의 포장지에 점차 많은 정보를 표시하게 되었다. 약 10년 전만해도 우리나라 가공식품에 표시된 정보는 매우 한정되어 있었으나 지금은 미국의 표시 방식과 매우 유사한 방식으로 표시되어 있고 많은 정보를 제공하고 있다. **특히 식품포장지에 표시된 열량표시는 체중조절을 원하는 사람들은 꼭 확인해야 할 정보이다.** 열량 이외에도 알러지 유발물질 함유여부, 소금 양, 콜레스테롤, 트랜스지방 및 중성지방 함유량 등 확인해야 할 사항들이 많이 있다.

최근의 조사에 의하면 영양표시에 주의를 기울여 비교 선택하는 사람은 대체로 교육수준이 높고 가족과 함께 사는 여성들이라고 한다. 시장개방화 추세에 따라 수입식품을 쉽게 접할 수 있게 됨으로써 외국 특히 미국 식품표지에 대해서도 알 필요가 있다.

우리나라 사람들은 설문조사를 하면 제조일자를 중요시하고 유통기간, 가격, 보관상의 주의사항 등에 대해 자세한 표시를 원한다고 답하면서도 실제 상품을 선택해서 구매할 때는 거의 활용하지 않는다고 한다. 그 이유는 습관적 구매이기 때문이다. 대다수의 소비자가 설문조사하면 당연히 여러 가지 정보를 표시해야 한다고 하면서도 막상 식품을 살 때는 그런 정보를 확인하지도 않을 뿐 아니라 확인한다 해도 잘 이해하지 못하는 경우가 많다.

그러나 건강을 지키기 위해서는 일반인들도 식품표시에 대해 잘 알아 둘 필요가 있다. 특히 가공식품의 비율이 점점 높아지는 시대에 살고 있는 우리는 어쩌면 이에 관한 지식과 표시를 확인하는 습관은 건강유지에 필수적일지도 모른다.

제조일자 없이 유통기간만 있는 것은 당연히 소비자가 선호하지 않는다. 유통기간이 지난 것은 판매할 수 없으나 섭취를 해서는 안 된다는 의미는 아니다. 그럼에도 유통기간이 지난 것은 변질의 우려가 있으므로 가능한 빨리 소비해야 할 것이다.

우리나라의 식품표시기준은 제품명, 성분 또는 원재료명 및 함량, 영양성분 등을 표시하게 되어 있고 제조연월 또는 유통기간을 표시해 주게 되어 있다. 우선 미국의 도안과 상당히 유사해 진점이 눈에 띈다.

그러나 소비자가 눈여겨보아야 할 점은 어떤 제품은 1회 제공량 당이고 어떤 것은 100g 또는 100ml 당이며 어떤 것은 한 포장 당이라는 사실이다. 제조회사 입장에서는 가능하면 칼로리가 높다는 인식을 주기 싫기 때문이다.

[그림 6] 영양성분표시 서식도안

영양성분

1회 제공량 00 (00g)
총 00회 제공량(00g)

1회 제공량 당 함량		* %영양소 기준치
열량	000kcal	
탄수화물	00g	00%
당류	00g	
단백질	00g	00%
지방	00g	00%
포화지방	00g	00%
트랜스지방	00g	
콜레스테롤	00mg	00%
나트륨	00mg	00%

* %영양소 기준치 : 1일 영양소 기준치에 대한 비율

영양성분

00g (00ml)

00g(00ml) 당 함량		* %영양소 기준치
열량	000kcal	
탄수화물	00g	00%
당류	00g	
단백질	00g	00%
지방	00g	00%
포화지방	00g	00%
트랜스지방	00g	
콜레스테롤	00mg	00%
나트륨	00mg	00%

* %영양소 기준치 : 1일 영양소 기준치에 대한 비율

영양성분

1회 제공량 00(00g)
총 00회 제공량(00g)

1회 제공량당 함량		*%영양소 기준치	1회 제공량당 함량		*%영양소 기준치
열량	000kcal		지방	00g	00%
탄수화물	00g	00%	포화지방	00g	00%
당류	00g		트랜스지방	00g	
			콜레스테롤	00mg	00%
단백질	00g	00%	나트륨	00mg	00%

* %영양소 기준치 : 1일 영양소 기준치에 대한 비율

영 양 성 분 1회 제공량 oo (oog) 총 00회 제공량(00g)

1회 제공량당 함량 : 열량 000 kcal, 탄수화물 00g(00%)·당류 00g, 단백질 00g(00%), 지방 00g(00%) 포화지방00g(00%)·트랜스지방00g, 콜레스테롤00mg(00%), 나트륨00mg(00%)
( )안의 수치는 1일 영양소 기준치에 대한 비율임

영 양 성 분

1회 제공량 00 (00 g)　　총 oo회 제공량(00 g)

1회 제공량당 함량		* %영양소 기준치	총 포장단위당 함량	* %영양소 기준치
열량	000kcal		000kcal	
탄수화물	00g	00%	00g	00%
당류	00g		00g	
단백질	00g	00%	00g	00%
지방	00g	00%	00g	00%
포화지방	00g	00%	00g	00%
트랜스지방	00g		00g	
콜레스테롤	00mg	00%	00mg	00%
나트륨	00mg	00%	00mg	00%

* %영양소기준치: 1일 영양소기준치에 대한 비율

영 양 성 분

1회 제공량 00 (00g) 당 함량　　총 00회 제공량(00g)

열량	탄수화물	당류	단백질	지방	포화지방	트랜스지방	콜레스테롤	나트륨
00kcal	00g	00g	00g	00g	00g	00g	00mg	00mg
	00%		00%	00%	00%		00%	00%

(%)는 1일 영양소 기준치에 대한 비율임

1회 제공량 vs 총제공량

주요 표시방법을 살펴보면 1회 제공량 및 총 제공량의 경우 1회 제공량 △△(00g)이라면 △△에는 1회 제공량의 제품형태(예 : 1컵, 2개, 1봉지 등)가 표시되어 있고 00g에는 1회 제공량이 중량(g) 또는 용량(ml)으로 표시되어 있다. 만약 총 ○○회 제공량(2회 제공량 이상 제품에 한하여 표시)이라면 한 봉지를 다 먹을 경우 총 열량이 얼마가 될지는 곱한 값이 될 것이다. 그런데 문제는 제품이 2회 제공량인지, 3회 제공량인지 확인하는 사람이 적어 한 봉지를 뜯으면 혼자서 다 먹는 것이 보통이다. 정말 유의해야 할 사항이다.

딸기향 캔디에는 딸기가 들어있는가

제품명은 그 제품의 간판이다. 제품명을 보고 우리는 그 제품의 맛이 대략 어떨 것이라고 짐작한다. 따라서 제품명이 우리의 의식을 속이는 일이 있어서는 안 될 것이다. 과실·채소·생선·해물·식육 등 여러 원재료를 통칭하는 명칭을 제품명 또는 제품명의 일부로 사용하고자 할 때에는 두 가지 이상(예 : 과일의 경우 사과·배·포도 등)의 원재료 합계량이 생물을 기준으로 하여 15% 이상이어야 한다는 규정이 있다. 이 경우 두 가지 이상의 원재료명과 그 함량을 원재료명 표시란에 표시해야 한다.

어떤 주스가 포도를 사용하지 않았는데도 포도주스라고 한다면 이는 소비자를 속이는 것이 될 것이다. 그러나 "맛" 또는 "향"을 내기 위하여 사용한 합성착향료를 제품명 또는 제품명의 일부로 사용할 수는 있다. 이때에는 원재료명 또는 성분명 다음에 "향"자를 사용하되, 제품명 주위에 "합성OO향 첨가(함유)" 또는 "합성착향료 첨가(함유)" 등의 표시를 하면 사용가능하다. 예로 합성딸기향을 첨가한 경우 "딸기향캔디"라는 제품명을 합법적으로 사용할 수 있다. 따라서 이 경우 딸기가 들어 있다고 오해마시길. 우리가 조금만 주의를 기울이면 이런 사실은 알 수 있는 내용이다.

포장에 적힌 원재료명을 통해 얻을 수 있는 정보

식품의 제조·가공시 사용한 모든 원재료명들이 많이 사용한 순서에 따라 표시되어 있다. 복합원재료를 사용한 경우에는 많이 사용한 5가지 이상의 원재료명 또는 성분명이 표시되어 있으나 문제가 되는 것은 복합원재료가 당해 제품의 원재료에서 차지하는 중량 비율이 5% 미만에 해당하는 경우와 복합원재료를 구성하고 있는 복합원재료의 경우에는 그 복합원재료의 명칭 또는 해당 식품의 유형만을 표시해도 된다. 소비자가 정확히 알기 힘든 방식이다.

식용유지는 "식용유지명"으로 표시하거나 "식물성 유지"라고 표시되고 다만 경화시킨 식용유지는 "경화유" 또는 "부분경화유"라고 표시되어 있다.

전분은 "전분명(OOO전분)" 또는 "전분"으로 표시되어 있다. 이 때문에 소비자는 사실 제품의 정보를 정확히 알기 어렵다.

게다가 식품의 가공과정 중 첨가되어 최종제품에 제거된다고 판단되는 식품첨가물의 경우에는 그 명칭을 표시하지 않아도 불법이 아니므로 이 부분도 소비자가 정확한 정보를 알기 어려운 부분이다.

또 용기가 너무 작은 경우에는 물을 제외한 다섯 가지 이상의 원재료명만 표시되어 있기도 하다. 작은 용기에 원료명을 일일이 다 적어 놓은 것도 분명 문제가 있기는 하다. 분명한 것은 소비자는 정확한 정보를 알기 어렵다.

식품첨가물의 경우

식품첨가물은 명칭과 용도를 함께 표시하되 [예시 : 사카린나트륨(합성감미료) 등] 간략한 이름 또는 주용도만 표시한다. 만약 주용도가 아닌 다른 용도로 사용된 경우에는 고시한 식품첨가물의 명칭 또는 간략명이 표시되어 있다.

두 가지 이상의 성분이 함유된 식품첨가물을 사용한 경우는 혼합제제류의 구체적인 명칭이 표시되어 있고 괄호 안에 혼합제제류를 구성하는 식품첨가물이 표시되어 있다[예시:면류첨가알칼리제(탄산나트륨, 탄산칼륨)].

식품첨가물 중 천연착향료를 사용한 경우라면 "천연착향료" 또는 구체적인 명칭이 표시되어 있고, 합성착향료를 사용한 경우 "합성착향료와 그 향의 명칭"이 표시되어 있다[예시:합성착향료(○○향)]. 그러나 합성착향료의 경우 많은 향료가 복합으로 사용되는 경우가 많으므로 일일이 다 열거할 수 없는 것이 사실이다.

한국인에게 알러지를 유발하는 것으로 알려져 있는 난류(가금류에 한함), 우유, 메밀, 땅콩, 대두, 밀, 고등어, 게, 새우, 돼지고기, 복숭아, 토마토, 아황산염을 함유하거나 이들 식품으로부터 추출한 성분과 이들 식품 및 성분을 함유한 식품 또는 식품첨가물을 원료로 사용하였을 경우에는 함유된 양과 관계없이 원재료명을 표시하게 되어 있다. 다만, 아황산염은 인위적으로 많은 양이 들어간 경우에만(SO_2로 킬로그램당 10밀리그램 이상 사용한 경우에만) 표시되어 있다.

따라서 만족스럽지는 못해도 식품표시를 잘 읽어보면 상당한 정보를 얻을 수 있는 것은 사실이다.

영양성분 표시

영양성분의 표시대상은 열량, 탄수화물(당류), 단백질, 지방(포화지방·트랜스지방), 콜레스테롤, 나트륨과 영양강조 표시를 하고자 하는 영양소들이다.

영양성분 함량은 1회 제공량 당, 100그램 당, 100밀리리터 당 또는 1포장 당 함유된 값 등으로 다양하게 표시되어 있다.

영양성분 표시대상 식품은 열량, 탄수화물, 당류, 단백질, 지방, 포화지방, 트랜스지방, 콜레스테롤 및 나트륨 등인데 각 함량 및 영양소 기준치에 대한 비율(%)로 표시되어 있다.

다만, 열량, 당류, 트랜스지방에 대해서는 비율표시가 없을 수도 있다. 영양소가 없는 경우 그 영양소의 명칭과 함량을 표시하지 않아도 되고 영양소 함량 "없음"으로 표시될 수도 있다.

1회 제공기준량이 설정되지 않은 밀가루, 간장, 소금, 설탕 등 식품의 경우에는 100그램(밀리리터)당 함유된 값으로 표시되어 있다.

다만, 영아용 조제식, 성장기용 조제식 또는 특수의료용도 등의 식품은 먹이는 방법에 따라 100밀리리터 당 함유된 값으로 표시되어 있기도 하다.

우리가 주의해야 할 점은 0으로 표시된 값들이 사실은 0이 아닐 수도 있다는 점이다.

열량 및 영양소별 함량

다이어트를 하는 사람은 각종 가공식품의 열량을 유심히 살펴야 한다. 이는 포장지의 표지를 확인하는 습관을 요구한다. 콩만 해도 약 15-20%가 지방이다. 그러니 콩에서 기름을 짜지 않겠는가? 각종 스낵, 칩 등도 유심히 살펴야 한다. 소비자를 현혹시키기 위해 보통 전체 칼로리보다 1회 제공량으로 표시되어 있기 때문이다. 통상 한포는 3회 제공량인 경우가 많다. 또 주스, 콜라, 환타, 커피 등의 음료수도 몇 캔 마시면 밥 한 공기와 비슷해진다.

열량 계산은 탄수화물은 1그램당 4kcal, 단백질은 1그램당 4kcal, 지방은 1그램당 9kcal를 각각 곱한 값의 합으로 산출하되, 알코올은 1그램당 7kcal, 유기산은 1그램당 3kcal를 각각 곱한 값의 합으로 계산된 값이다. 또 당알코올(예로 자일리톨)은 1그램당 2.4kcal(단 에리스리톨은 0kcal)를, 식이섬유는 1그램당 2kcal를 곱해 계산한 값이다. 열량은 킬로칼로리(kcal)로 표시하되 5kcal 미만은 "0"으로 표시할 수 있다. 영양소별 함량에서 우리가 주의해야 할 점은 소량 함유되어 있지만 0으로 표시가 가능한 경우들이다.

탄수화물, 단백질의 경우 그램으로 표시하되 0.5그램 미만은 "0"으로 표시할 수 있으므로 이 경우는 0이 0이 아니다.

지방은 포화지방 및 트랜스지방을 구분하여 표시하지만 지방이 0.5그램 미만이면 "0"으로 표시되어 있어 주의가 필요하다.

트랜스지방은 0.2그램 미만은 "0"으로 표시되어 있고 식용유지류 제품은 100 그램당 2그램 미만일 경우 "0"으로 표시되어 있다.

콜레스테롤은 2밀리그램 미만은 "0"으로 표시되어 있다.

나트륨의 경우도 5밀리그램 미만은 "0"으로 표시되어 있다.

비타민과 무기질(나트륨은 제외한다)의 경우 영양소 기준치에 대한 비율(%)이 표시되어 있고 영양소 기준치의 2% 미만은 "0"으로 표시되어 있어도 문제가 없다. 비타민 A, D, E는 괄호를 하여 국제단위(IU)로 표시되어 있기도 하다.

영양소 기준치, 영양 권장량, %영양소 기준치

'영양소기준치'란 소비자가 하루의 식사 중 해당식품이 차지하는 영양적 가치를 보다 쉽게 이해하고, 식품간의 영양소를 쉽게 비교할 수 있도록 하기 위해 일반인(4세 이상 어린이 및 성인)의 평균적인 1일 영양소 섭취 기준량을 정해 놓은 것이다.

'영양권장량'은 한 가지 영양소에 대해 성별, 연령별로 다른 권장량이 정해져 있어, 영양표시를 위한 기준으로는 사용하기에 어렵다.

'%영양소 기준치'라는 것도 있는데 이는 해당식품에 포함된 각 영양소들의 영양소기준치에 대한 비율로, 하루에 섭취해야 할 영양소량의 몇 %에 해당하는지를 나타내는 것이다.

현재 우리나라의 영양소 기준치는 표 7과 같다.

표 7 영양소 기준치표(식약처)

영양소	기준치	영양소	기준치	영양소	기준치
탄수화물(g)	328	철분(mg)	15	판토텐산(mg)	5
식이섬유(g)	25	비타민 D(μg)	5	인(mg)	700
단백질(g)	60	비타민 E(mg)	10	요오드(μg)	75
지방(g)	50	비타민 K(μg)	55	마그네슘(mg)	220
포화지방(g)	15	비타민 B1(mg)	1.0	아연(mg)	12
콜레스테롤(mg)	300	비타민 B2(mg)	1.2	셀렌(μg)	50
나트륨(mg)	2,000	나이아신(mg)	13	구리(mg)	1.5
칼륨(mg)	3,500	비타민 B6	1.5	망간(mg)	2.0
비타민 A(μg)	700	엽산(μg)	250	크롬(μg)	50
비타만 C(mg)	100	비타민 B12(μg)	1.0	몰리브덴(μg)	25
칼슘(mg)	700	비오틴(μg)	30		

* 비타민 A, D, E는 기준치표에 따른 단위로 표시하되, 괄호를 하여 IU 단위로 표시할 수 있다.

영양소 함량 강조표시

식품 위생법에 근거한 일반 가공식품의 영양소 함량 강조표시의 기준은 Codex 규격을 수용한 것이다. 한국인의 식사에서 섭취를 제한하는 영양소인 열량, 총지방, 포화지방, 콜레스테롤, 당, 나트륨과 섭취를 권장하는 영양소인 단백질, 식이섬유, 비타민 및 무기질에 대하여 식품 100그램 당, 100밀리리터 당 또는 100kcal 당 사용 기준을 정한 것이다.

영양소 함량의 차이를 다른 제품의 표준 값과 비교하여 "덜", "더", "감소 또는 라이트", "강화", "첨가"라는 용어를 사용할 수 있다. 다른 제품의 표준 값이란 시장점유율이 높은 3개 업소 이상의 같은 식품의 유형을 대상으로 산출한 영양소의 함량을 말한다. 이 또한 참 애매하다.

이때 열량, 탄수화물, 당류, 식이섬유, 단백질, 지방, 포화지방, 트랜스지방, 콜레스테롤, 나트륨의 경우는 최소 25% 이상의 차이가 있음을 의미하고 나트륨을 제외한 비타민 및 무기질의 경우는 최소 1일 권장량의 10% 이상 차이가 있음을 의미한다.

표 8 영양소 함량 강조표시 세부기준

영양성분	강조표시	표시조건
열량	저	식품 100g 당 40kcal 미만 또는 식품 100ml 당 20kcal 미만일 때
	무	식품 100ml 당 5kcal 미만일 때
지방	저	식품 100g 당 3g 미만 또는 식품 100ml 당 1.5g 미만일 때
	무	식품 100g 당 또는 식품 100ml 당 0.5g 미만일 때
포화지방	저	식품 100g 당 1.5g 미만 또는 식품 100ml 당 0.75g 미만이고, 열량의 10% 미만일 때
	무	식품 100g 당 0.1g 미만 또는 식품 100ml 당 0.1g 미만일 때
트랜스지방	저	식품 100g 당 0.5g 미만일 때
콜레스테롤	저	식품 100g 당 20mg 미만 또는 식품 100ml 당 10mg 미만이고, 포화지방이 식품 100g 당 1.5g 미만 또는 식품 100ml 당 0.75g 미만이며, 포화지방이 열량의 10% 미만일 때
	무	식품 100g 당 5mg 미만 또는 식품 100ml 당 5mg 미만이고, 포화지방이 식품 100g 당 1.5g 또는 식품 100ml 당 0.75g 미만이며 포화지방이 열량의 10% 미만일 때
당류	무	식품 100g 당 또는 식품 100ml 당 0.5g 미만일 때
나트륨	저	식품 100g 당 120mg 미만일 때
	무	식품 100g 당 5mg 미만일 때
식이섬유	함유 또는 급원	식품 100g 당 3g 이상 또는 식품 100kcal 당 1.5g 이상일 때
	고 또는 풍부	식품 100g 당 6g 이상 또는 식품 100kcal 당 3g 이상일 때
단백질	함유 또는 급원	식품 100g 당 1일 영양소 기준치의 10% 이상, 식품 100ml 당 1일 영양소 기준치의 5% 이상일 때 또는 식품 100kcal 당 1일 영양소 기준치의 5% 이상일 때
	고 또는 풍부	식품 100g 당 1일 영양소 기준치의 20% 이상, 식품 100ml 당 1일 영양소 기준치의 10% 이상일 때 또는 식품 100kcal 당 1일 영양소 기준치의 10% 이상일 때
비타민 또는 무기질	함유 또는 급원	식품 100g 당 1일 영양소 기준치의 15% 이상, 식품 100ml 당 1일 영양소 기준치의 7.5% 이상일 때 또는 식품 100kcal 당 1일 영양소 기준치의 5% 이상일 때
	고 또는 풍부	식품 100g 당 1일 영양소 기준치의 30% 이상, 식품 100ml 당 1일 영양소 기준치의 15% 이상일 때 또는 식품 100kcal 당 1일 영양소 기준치의 10% 이상일 때

천연식품과 100%가 표시된 식품

"천연"이라는 표시가 된 식품은 인공(조합)향·합성착색료·합성보존료 또는 어떠한 인공성분이나 수확 후 첨가되는 합성성분이 제품 내에 포함되어 있지 아니하고, 비식용부분의 제거나 최소한의 물리적 공정 이외의 공정을 거치지 아니한 식품이거나 식품첨가물의 기준 및 규격에 고시된 천연첨가물만 첨가한 경우이다.

이와 비슷한 것으로 100%가 표시된 식품들이 있다. 소비자가 "100%"라는 표시는 표시대상 원재료만 사용했고 어떠한 물질도 첨가하지 않았을 것이라고 추측하는 것이 당연하다. 그러나 **농축액을 희석하여 원상태로 환원하여 사용하는 제품의 경우에는 환원된 표시대상 원재료의 농도가 100% 이상만 되면 제품 내에 원재료와 무관한 식품첨가물이 포함되어 있다 하더라도 100%의 표시하는 데 아무 문제가 없다.** 따라서 시중에 판매되는 100% 제품들은 다른 것이 첨가되어 있지만 원재료의 농도가 100% 이상인 경우가 대부분이라고 생각하면 된다. 100%라는 표시에 속지말자. 100%도 식품첨가물은 첨가된 제품들이다.

카페인의 경우

카페인을 인위적으로 첨가하였거나 카페인을 함유한 원재료를 사용하여 제조·가공한 액체식품은 **카페인 함량이 밀리리터 당 0.15밀리그램 이상 함유한 경우에 한해 주표시면에 "고카페인 함유"이라 표시**하고 이와 함께 당해 제품의 총 카페인 함량을 "OOOmg"으로 표시하므로 **첨가된 양이 적은 경우는 표시가 안 되어 있을 수도 있다.** 포장표시에 카페인이 없다고 카페인이 없는 것은 아니다.

게맛살에는 진짜 게살이 없다

게맛살 제품에 게살이 들어 있는지 없는지 또 게맛살에 어떻게 생선내장이 들어있을 수 있는지를 두고 최근 언론 또는 방송에 보도된 적이 있다. 그러나 이것은 게맛살 제품에 대해 잘못 알고 하는 말이다. 게맛살 제품은 사실 출발부터가 모조(이미테이션)제품으로 출발하였다. 따라서 게맛살에 게살이 없는 것은 당연하며 당연히 적법이다.

게맛살에 대한 식품규격을 살펴보자. 맛살류 제품(게맛살, 새우맛살 등)은 제품의 명칭이나 도안에 나타나 있는 특정어육이 아니라는 표시와 포함된 주요성분의 함유량 또는 함유율 및 향의 명칭을 표시해야 하고, 그 특정성분이 35% 미만일 경우 용기나 포장에 그 특정성분과 관련된 그림이나 사진을 표시할 수 없게 되어 있다.

게맛살은 어육제품이므로 진짜 게살이 아니며 게살성분이 들어 있지 않아도 아무 문제가 안 되는 것은 당연하다. 소비자로서는 다만 싱싱한 좋은 생선을 사용하기를 바랄 뿐이다. 보도에 의하면 비위생적이고 질이 떨어지는 생선을 사용하여 제조를 한다고 하는데 이것이 문제일 뿐이다.

유기가공식품

유기농산물이란 유기축산물의 인증기준에 의하여 인증을 받은 농·축·임산물(이하 "유기농산물"이라 한다)을 말한다. 따라서 동일 원재료에 대하여 유기농산물과 비유기농산물을 혼합하여 사용하여서는 안 되고 방사선조사 처리된 원재료, 유전자변형식품, 식품첨가물 등을 사용하거나 검출되면 안 된다.

용기·포장도 재활용이 가능하거나 생물에 의해 분해되는 재질이어야 한다. 공장주변 등의 해충 등 방제는 기계적, 물리적 또는 생물적 방법에 따라 행하되 농약자재 등을 사용할 경우 유기가공식품 및 유기농산물과 직접 접촉되면 안 된다.

제조설비도 식품과 직접 접촉하는 부분에 대한 세척, 소독 및 살균은 화학약품(식품첨가물은 제외한다)을 사용해서는 안 되며, 식품첨가물을 사용한 경우에는 식품첨가물이 제조설비에 잔존하면 안 된다.

유기가공식품의 경우 여태까지는 표시제와 인증제로 이원화되어 논란이 많았으나 2014년 1월 1일부터 인증제로 바뀌었다. 즉 국산 또는 외국산 유기원료를 이용하여 국내에서 유기가공식품을 제조 및 가공하고자 하는 경우와 국내 판매를 위해 외국에서 유기가공식품을 제조하고자 하는 경우, 그리고 국산 또는 외국산 유기가공식품을 재포장하고자 하는 경우 농림수산식품부에서 지정하는 인증기관의 인증을 받아야 한다.

수입품의 경우 과거에는 해당 수입식품의 유기가공식품 적합성 여부를 해당제품의 수출국 정부에서 정한 인증기관 요건에 적합한 기관[예로 IFOAM(국제유기농업운동연맹)등 국제기구의 인증을 받은 기관]에서 발행한 인증서로 판단해 왔다. 그러나 이제부터는 외국에서 인증받은 것만으로는 인증되지 않고 동등성인증협정을 체결한 국가에 한해서만 인증해준다.

인증을 받지 않은 제품에 유기표시 또는 이를 오인할 수 있는 표시(외래어 포함)를 하는 것은 금지된다. 식품표시기준이 많이 강화되었다. 소비자들로 봐서는 잘된 일이다.

어떤 식품에 유기라는 용어를 사용할 수 있을까

유기농산물 100% 사용한 식품(유기농산물 이외에 어떠한 식품 또는 식품첨가물도 최종 제품 내에 남아 있지 않은 식품)은 "유기농 100%" 또는 이와 유사한 용어를 제품명에 당연히 사용할 수 있다.

그러면 95%만 유기농산물을 사용하고 나머지 5%는 유기농산물이 아니었다면 유기라는 용어를 제품이름에 사용할 수 있을까? 사용 못하게 해야 할 것 같은데 사실은 "유기" 또는 이와 유사한 용어를 제품명을 포함하여 표지 어느 곳에나 사용할 수 있다.

70% 이상 95% 미만일 경우 제품이름에는 사용하지 못하지만 주표시면을 제외한 면에 유기 또는 이와 유사한 원료명 사용표시를 해도 법적 하자가 없다. 예로 보조면에 "본 제품은 유기농 원재료를 80% 이상 사용한 제품임" 등은 기재가 가능하다.

70% 미만일 경우에는 제품명 또는 제품명의 일부로 사용할 수 없으나 원재료명에 일부 함량을 표시하는 것만 가능하다. 예로 고추장의 경우 "고춧가루(유기농 국산) 30%, 찹쌀 25%(유기농, 국산), 메주분 10% (국산), 엿기름(국산), 식염(국산)"라고 표시가 가능하다.

다음은 유기가공품이라 하더라도 제품에 함유되어 있을 수 있는 성분들이다.

표 9 유기가공품이라 해도 식품 중에 함유되어 있을 수 있는 물질들

명칭	사용조건
탄산칼슘	
이산화황	와인제품
젖산	발효채소제품
이산화탄소	
사과산	
아스코르브산	자연산을 구할 수 없는 경우
토코페롤	
레시틴	표백제와 유기용매를 사용하지 않은 것
구연산	과일, 채소제품
주석산나트륨	과일, 제과용
주석산수소칼륨	곡물식, 과자, 제과용
제일인산칼슘	반죽을 부풀리는 데만 사용
알긴산	
알긴산나트륨	
한천	
카라기난	
로커스트콩검	
구아검	
트락칸스검	
아라비아검	우유, 지방과 제과용 제품
산탄검	고지방제품, 과실, 채소, 과자, 비스킷
카라야검	
펙틴	
탄산나트륨	과자, 비스킷, 제과용
탄산수소나트륨	과자, 비스킷, 제과용
탄산나트륨	과자, 비스킷, 제과용

표 9 유기가공품이라 해도 식품 중에 함유되어 있을 수 있는 물질들(계속)

명칭	사용조건
탄산칼륨	곡물식, 과자, 비스킷, 제과용
탄산암모늄	
탄산수소암모늄	
탄산마그네슘	
염화칼륨	냉동과실, 냉동채소, 과실통조림, 채소통조림, 채소양념, 케첩, 겨자
염화칼슘	유제품, 지방제품, 과실제품, 채소제품, 두류제품
염화마그네슘	두류제품
황산칼슘	과자, 비스킷, 두류제품, 제빵시 이스트촉매제
수산화나트륨	곡류제품
아르곤	
질소	
산소	

• 참고자료: 유기가공식품의 인증기준

표 10 유기가공식품 제조 및 가공을 위해 사용할 수 있는 가공보조제

명칭	사용조건
물	
염화칼슘	응고제
탄산칼슘	
수산화칼슘	
황산칼슘	응고제
염화마그네슘	응고제
탄산칼륨	건포도건조
이산화탄소	
질소	

표 10 유기가공식품 제조 및 가공을 위해 사용할 수 있는 가공보조제(계속)

명칭	사용조건
발효주정	용매
탄닌산	여과보조제
난백알부민	
카제인	
젤라틴	
운모	
식물유	유연제
이산화규소	겔과 콜로이드 용액으로
활성탄	
찰크	
벤토나이트	
고령토	
규조토	
퍼라이트(Perlite)	여과보조제
개암껍질	
밀랍	유연제
카나우바왁스	유연제
황산	설탕제조시 pH 조정
수산화나트륨	설탕제조시 pH 조정
주석산	
주석산나트륨	
탄산나트륨	설탕제조
나무껍질혼합제제	
수산화칼륨	설탕제조시 pH 조정
구연산	pH 조정
미생물 및 효소제제(유전자재조합 미생물 및 제제 제외)	

• 참고자료: 유기가공식품의 인증기준

우리나라의 영양섭취기준은 한국영양학회의 다음 site를 참고하기 바란다.

http://www.kns.or.kr/board.asp?catalogid= kns2008&language= ko&boardcode=sub07_01

올바른 식생활을 위한 제언

사람들은 좋은 식품에 관심이 많다. 관심이 많기 때문에 각종 신문, TV 방송 등에 많은 부분을 식품정보에 할애하고 있다. 문제는 관심이 많은 만큼 잘못된 정보도 많다는 것이다. 잘못된 정보를 이용하여 돈을 벌려는 나쁜 사람들도 있다. 따라서 식품에 대해 제대로 이해하고 먹어야 한다.

식품에 대한 이해는 종합적인 과학지식을 요구한다. 때문에 일반인이 이해하기 어려운 부분이 많은 것이 사실이다. 가장 대표적인 것이 식품을 우리가 먹었을 때 전분, 지방, 단백질, 비타민, 무기질 등이 우리 몸에 어떻게 흡수되고 이용되는지에 대한 부분이다. 일반인들이 이 부분을 잘 알지 못하므로 전문가가 들으면 황당한 내용이 일반인에게는 그럴 듯하게 들리는 것이다. 탄수화물은 지방과 단백질로 바뀔 수 있고 단백질도 탄수화물과 지방 부족을 메울 수 있으나 지방은 탄수화물이나 단백질이 될 수 없다. 탄수화물, 지방, 단백질 모두는 과잉일 경우 지방과 콜레스테롤로 바뀔 수 있다. 불포화지방이던 오메가3 지방이던 모두 지방이다. 건강에 좋다는 것은 같은 값이면 그것을 먹으라는 것이지 몸에 좋다고 많이 먹으라는 것이 아니다. 이는 우리가 다이어트를 할 때도 반드시 염두에 두어야 할 원칙이다.

사실 과거에 여러 가지 다이어트 방법들이 개발되어 유행하였으나 현재는 많은 부작용이 알려져 사라진 것도 있다. 대표적인 것이 황제 다이어트이다. 현재도 그리고 미래에도 꾸준히 각종 다이어트 방법과 건강에 관한 새로운 정보가 제공될 것이다.

자연식이라고 모두 좋은 것은 아니며 발효식품이라고 반드시 몸에 좋다는 보장은 없다. 자연적으로 독성성분들이 있는 것도 있고 발효한 것이라도 오랜 세월 검증되지 않은 재료라면 현재로서는 그 발효제품의 안전에 대한 것은 알 수 없다. 잘 알려진 음식을 먹자.

어떤 음식이 어디에 좋다는 식의 방송과 방송 끝에 그 재료가 들어 있는 음식을 시식하는 장면은 정말 코미디 같은 장면이다. 그 재료가 들어 있는 음식만 매일 먹을 수도 없지 않은가?

식품표지를 읽는 습관을 들이는 것은 몸 관리에 필수적이다. 식품첨가물이 모두 나쁜 것은 아니다. 식품첨가물 중에도 독성이 알려졌거나 건강에 의심스러운 것들은 주로 살균료, 보존료, 타르 색소, 합성착향료, 산화방지제, 표백제, 발색제 등이다. 이 같은 식품첨가물이 들어간 음식은 가능한 먹지말자. 사람들이 집단으로 각종 식품첨가물에 대한 주의를 기울인다면 많은 식품첨가물들이 저절로 퇴출될 것이다.

그러나 카제인나트륨처럼 별 문제가 없는 것들에 대해 나쁜 음식을 먹고 있다는 생각을 갖게 오도하는 것은 바람직하지 못하다. 우리 생활을 편리하게 해주고 맛을 증진시켜주며 건강에도 해롭지 않은 식품첨가물이 있다면 우리가 잘 활용하는 것이 더 나을 것이다.

식품은 알면 알수록 우리가 평소에 잘 알고 있는 평범한 진리에 도

달한다. 따라서 앞으로도 기상천외한 어떤 비법이 개발되어 나오더라도 동요될 필요가 없다. 상식에 따라 행동하면 된다.

진리는 평범하다. 각종 영양소가 골고루 들어 있는 짜지 않은 음식을 가리지 말고 잘 익혀서 또는 신선한 음식을 과식하지 말고 먹는 것이 가장 좋은 방법이다. 적게 먹더라도 골고루 먹어야 한다. 편식은 과학적으로도 해롭다.

참고문헌

최현석, 아름다운 우리 몸 사전, 지성사, 2006.

최현석, 유전자의 비밀지도, 지성사, 2007.

안승요, 식품화학, 교문사, 2004.

강갑석, 김덕희, 김성옥, 식품학, 백산출판사, 2012.

김상순, 김순경, 식품학, 수학사, 1996.

박종세, 김동술, 꼭 알아야할 식품위생, 유림문화사, 2001.

유태종, 이상건, 김두진, 식품가공학, 문운당, 1996.

김찬조 외, 발효공학, 선진문화사, 1996.

신동화, Safe Food 7(2)3-9, 2012

아베쓰카사(안병수 옮김), 인간이 만든 위대한 속임수 식품첨가물, 국일미디어, 2005.

Bjelakovic G et al. The Journal of the American Medical Association 297, 842-857, 2007.

MacLean et al. The Journal of the American Medical Association 295, 403-415, 2006.

Sala-Vila & Calder. Critical Reviews in Food Science and Nutrition 51, 855-971, 2011.

Stryer L. Biochemistry. 3rd Ed. W.H. Freeman and Company/New York.

www.naqs.go.kr

찾아보기

ㄷ

ㄹ

ㅁ

ㅇ

ㅈ

정가 17,000원

착한식품–건강한 삶을 위한 먹거리 이해

2014년 9월 10일 초판 인쇄
2014년 9월 30일 초판 발행

저자와의
협의하에
인지생략

저　자 : 최 원 상
발행자 : 우 명 찬 · 송　준
발행처 : 홍릉과학출판사
주　소 : ㊚142-885 서울시 강북구 인수봉로 50길 10
등　록 : 1976년 10월 21일 제5-66호
전　화 : 999-2274~5, 903-7037
팩　스 : 905-6729
ISBN : 979-11-5600-313-7

hongpub@hongpub.co.kr
www.hongpub.co.kr